一開始就不用收！

家的最後一堂空間收納課

朱俞君 著

原點

目錄 contents

跟著生命軸前行，收納大不同的 7 家族

CH3 **8 大空間這樣選櫃子，家才能真的收乾淨！**

CH4 設計師私房櫃設計大公開

搬了八次家，
終於搞懂自己需要的空間與生活

結婚之後，每次和朋友見面時，他們通常不是問：「最近好嗎？」，而是說：「你們最近住哪裡？」。

會有這樣的局面，不是沒有原因的，實在是因為我們搬家的頻率太高，婚後短短的四年之內，有了家庭、孩子也出來了，明明應該穩定的生活，卻變成「孟母七遷」的遊牧人生。如今，又搬了第八次家。說到底這一切都是因我而起，搬家這回事，不只朋友覺得奇怪，就連我先生也感到納悶，因為他知道在結婚之前，我是可以在一個房子住上五年，安定到不行的人。

透過搬家，尋找為人妻為人母，以及收納的初答案

我們的第一個家是為結婚而準備的，因為先生喜歡清靜的生活，於是將內湖的預售屋換成了北投的行義路住宅，懷著對於生活的美好夢想，也認定這是要住上十年的家，身為設計師的我，用「回家就是度假」的概念，將這間郊區的房子整理成飯店式風格。但結果是，原以為可以整天窩在家享受度假感，沒想到，忙碌的我們，卻把家住成回來睡一覺就出門的「飯店」。

回想那個時候，我們並不知道，自己究竟想要一個怎樣的家。很快的，我們賣掉了房子，開始了遷徙和尋找下一個居所的生活。

沒多久，家中多了一名小成員，我們一家三口住進了另一個將近40坪的房子。和許多媽媽一樣，我替兒子規畫了一間兒童房，在訂製餐桌和椅子時，特別考慮到小孩的舒適高度，也開始注意到收納這回事，那時以為，這樣應該算是思考充足了吧！

那個時期，我的家同時也是工作室，每天早上把兒子送到幼稚園後，就是客戶來洽談裝修事宜的時刻。既然會有客戶來到家中，那麼家一定不能亂，但我兒子偏偏又愛在客廳玩，老是將抽屜的東西全拉出來，因此，我發展出一套快速回復法，來迎接隨時會按鈴的訪客。

各時期的家

1.

婚後的第一個家。

2.

兒子出生後的家。

3.

換成15坪小住家。

4.

現在的32坪住家。

我在這個房子領悟到，學齡前的孩子即時玩著玩具，也會注意父母是否在身邊，那是一種對於安全感的需求，雖然替兒子準備了兒童房，玩具也都在裡頭，但他卻不太領情，這也是為什麼，媽媽常活動的客餐廳，也會是他的主要作亂區。我開始明白，沒有站在使用人角度著想的空間設計，再好的用意都可能白費。即使是小孩，也是如此；即使是收納，也是如此。

回香港探親，看懂家的好用與秩序，不在窩的大小！
我從小在香港長大，小學快畢業才隨父母移居台灣。一年多前我帶著兒子回去探望親友，其中，我們去了二伯父的家。二伯父是個廚藝精湛的長輩，看到我們來，特別煲了湯，以及好吃的港式炒米粉讓大家享用。

當我到廚房幫忙洗碗時，赫然發現，在那只能容得下一人的小廚房，整齊乾淨到令人訝異。簡單的說，幾乎已經到了「零雜物」的境界。

走出廚房，再環顧二伯父這十坪不到的房子，二十年如一日，所有擺設都和我當年印象中相差不遠。只是，這小小的空間整理得窗明几淨。每一次，從熱鬧的街市走進二伯父高樓層的「鴿子籠」裡，一點也不會產生煩雜感，反而，讓人油然而生一股安定的心情。

二伯父半坪的廚房像變魔術般，端出一道道家常菜款待著我們，一家人將摺疊桌張開，在客廳團聚，讓我們這些散居海外的親人，找到回家的感覺。

這一趟探親之旅，正好是我又搬了一兩次家的時期，我租下一樓的工作室，開始有一些員工夥伴，除了辦公空間，我留下一個小房間暫居在此。當時，一方面還沒決定自己到底要找什麼樣的房子，另一方面，也看著房價不斷上漲，不知如何是好。

看到二伯父的家，似乎有了答案，我想學著如父母、長輩那樣簡單踏實的生活，不再追求「完美的房子」，而是可以安居的家。或許，找一個小坪數的空間，來驗證我這些年來對於收納思考的功夫，是不錯的做法。

很順利的，我找到了一個只有15坪，透過捨棄而讓物品量適當，透過規畫成為一個「到位」的家，最重要的是，我們一家都非常喜歡這樣的空間。只不過，因為小孩逐漸成長的需求，我們又搬了家，開啟了另一階段的空間收納實驗與生活體驗。

為了什麼要收納？

開始執行這本收納書，我等於也在重新整理這些年的一些生活體悟。我「從獨善其身」的設計人，到必須「清除」很多的自我，以便「騰出空間」來容納另一半的妻子，更隨著兒子的誕生、成長，我必須「重新整理」我的人生定位。不是只有東西要被收納，人生也是。對我來說，收納並沒有標準答案，是透過了解自己（也能解讀家人），在「妥協於現況」、「勇於改變」兩者之間求取平衡，透過不斷的調整，終於找到的最合適的方式。

如果有人問我，為了什麼要收納？我會反問：

是為了明天要來訪的客人？還是為了擁有更好的生活！
是為了要應付眼前的焦慮？還是為了改變自己的人生！

我想，把這些問句拿來問自己，答案就會出現了。

家需要收納、生命本身也需要收納，收納無所不在。和我合作很多年的一個水電師傅，每次一出現就是笑咪咪的，從來不會為了工作上的事情而發怒，一直讓我感到很好奇。直到有一天，我看到他的工程車後座，層架上用同一款飲料瓶排列出井然有序的分類收納罐，一瓶一種器具，無論是小螺絲釘，或是其他小物件，位置固定一目瞭然。

這下子我終於明白了，只有透過良好的生活管理、工作管理，才能讓自我的情緒穩定，這樣的穩定度，甚至可以延伸在教養上。不只大人學會收納，也讓孩子學會收納，影響的不只是家裡乾不乾淨，而是孩子未來的人生，會知道如何在每次混亂時，重整自己。當然，大人也是，一切都不算晚，此刻學會了收納，人生也會有好情緒。

感謝：
這本書要感謝原點「熱血」的工作伙伴，我們一致抱著「如果這本書不能對讀者有所幫助，就不如不要讓書上架」的心態，克服了很多困難，進行內容的調整。感謝我的業主們，這些成功人士，讓我可以靠近他們的生活，學習收納與生活的緊密關係。

當然，最感謝愛我的父母，因為他們做了最好的身教，讓我在血液中有追求美與實踐的DNA。也要謝謝包容力強大的老公，陪我搬了那麼多次家，讓我一再實驗出答案。還有我心愛的兒子，因為你的到來，開啟我生命很多角度，也讓我收納能力「不得不」倍數成長。

CH1

収納前你該知道的 20 件事！

1

東西總是沒處擺，
是不是櫃子做越多越好？

解 跟著人生週期調整，80% 法則，
戰勝「收納空間不足恐懼症」

你是不是常常覺得現在住的房子太小，望著家裡滿出來的雜物，心想著：「要是有個大房子就好了！」或是搬新家要裝潢時，第一個念頭就是「可以做櫃子的地方全部都要做，做越多越好！」如果你有以上症狀，表示已經得了「收納空間不足恐懼症」！

要戰勝「收納空間不足恐懼症」，必須學會活在當下，整理物品時勤分類，換句話說就是管理好現階段。以空間需求來看，一般人約以10年為一個週期，如果有小孩，家中收納得以孩子成長為分界。例如：出生－小學三年級（9歲）為一週期；10歲－20歲為另一週期，20歲之後孩子大了，也會離開家裡，又回歸到單身或兩人階段了。

Point

1

嗜好一直來，
80% 法則管控你的家

一般人會因以下的狀況，而造成物品的變化與添購：1.轉業－穿衣打扮的改變。造成前後階段衣物會量增。2.生小孩－玩具、參考書各時期需求不同。造成接受大量贈書或持續購書。3.興趣轉變－某時期對健身瑜珈感興趣，之後對對烘焙狂熱。造成各式器材購進家中。建議以櫃制量，家中儲物櫃以80% 納量為上限，多的就得捨棄。

怕麻煩的我，
如何才能輕鬆把家收好？

 解 捨棄＋分類＋歸位＝100分，
小空間重捨棄、中大型空間重分類！

　　在開始收納之前，要先知道它是由哪些元素所組成的。收納這件事必須經過「捨棄、分類、歸位」三步驟完成，假設這三項努力分數指標加起來的總分為100分，並以輕鬆歸位的10分為基準，另兩項分數則可視每個人的個性、習慣、居住空間大小等狀況調整，找出最適合的配比。

收納術的黃金比例

空間類型	空間特質 vs. 收納重點	黃金比例
小空間，重捨棄 （30坪以下）	1空間小，盡量減少物品。 2物品變少，分類就容易。 3分類清楚，歸位就輕鬆。	捨棄60分 分類30分 歸位10分
中空間，重分類 （30～50坪）	1空間稍大，物品可多一些。 2物品較多，分類難度多一些。 3就算家庭成員多，各自物品歸位也清楚。	捨棄40分 分類50分 歸位10分
大空間，重分類 （50～100坪以上）	1空間夠大，物品量多也不怕。 2各區物品要分類才方便拿取。 3分區分類明確，空間大也不會找不到東西。	捨棄20分 分類70分 歸位10分

Point
1
家要不亂，丟、分、放得做好

捨棄、分類、歸位，三者環環相扣，達到輕鬆歸位，生活就舒適便利，不用時常耗時整理。

捨棄　　　　分類　　　　歸位

收納好概念 **3**

老是搞不清東西擺在哪？
一找就大亂！

 解 常態、備用、珍藏，
物件擺放三分法好收不易亂

　　不是同一類物品全收在同一個地方就是好的收納，每一類物品應該要再以取用次數細分，以碗盤來說，每天使用的那幾個是「常態」；親友來家中聚餐，一年中才用幾次的歸為「備用」；幾乎捨不得用又不想丟的漂亮收藏紀念品，則屬於「珍藏」。分清楚這三項後再來是分區，以輕鬆好拿的程度，將櫃體分為中、下、上，中段放「常態」，需要彎腰的下半部放「備用」，「珍藏」便可收在必須墊高的上層。

Point
1
物品取用次數決定放置高度

以鞋櫃為例，分為上中下三段，中段最好拿，擺放最常拿取的外套或是常穿的幾雙鞋子，下方放備用的非當季鞋或偶爾才穿的如登山鞋，最不易拿取的上層則放最少穿的珍藏鞋子，例如一年中只會穿幾次去參加宴會婚禮的高跟鞋。

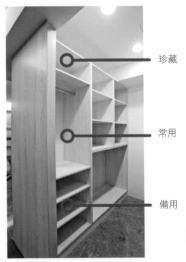

珍藏

常用

備用

4

孩子是收納殺手，
怎樣才能讓玩具不亂跑？

 解 從三歲起，
教孩子開始自己收好東西

　　許多父母都認為孩子還小，東西亂丟是必然的，然而這樣的教育方式，其實是會不小心成為扼殺孩子未來的兇手。

　　收納需要歷經捨棄、分類、歸位三階段，這個過程其實就是一種訓練判斷、邏輯思考、歸納整合的方式，會影響孩子安排做事的流程，也關係著自我管理的養成。

　　要訓練孩子學習收納的第一步，給他一個屬於他的管轄範圍，從玩具櫃開始！規畫一個高度方便孩子拿取收拾的玩具櫃，告訴他：「這是『你的』玩具，你要自己收」，藉由培養收納習慣，建立孩子的歸屬感及責任感，也讓他知道「家」是需要大家共同維護的，不是媽媽的或爸爸。

Point

1

玩具櫃要分類
vs. 抽屜不夾手

玩具櫃的設計可依照孩子的物品分類規畫，最常玩的玩具、體積大的，放在最下層；需要展示但不會常用的勞作放在上方層板；遊戲卡、畫筆、零散的小物品，則收納在抽屜，抽屜把手選用要小心以不夾手為主。

Point

2

兒童房衣櫃吊桿，
規畫在下方

要讓孩子替自己做事，物品得放在他們隨手可及，考量到身高是首要之務，衣櫃規畫上，吊掛外套的吊桿位置得下移，在90～100cm的高度是較適合的位置。

5

有了新房子即將要搬家，
想要一勞永逸的好好收納？

 解 搬家是最好的歸零練習，
重新檢視物品、學習情感捨離

搬家，是累積收納經驗的好方法，為什麼呢？因為平常沒時間整理，但到了搬家不得不面對，再加上要打包那麼多東西是一件麻煩事，所以這時候是學習「捨棄」的絕佳時機。

在開始「捨棄」之前，要先清楚知道未來空間有多少收納量，你才會從「捨不得丟」的內心障礙跳脫到「非丟不可」的現實。捨棄過程當然不是亂丟一通，而是利用這個機會檢視哪些要留、哪些該丟，同時透過雜物進行自我生活的歸零體檢。

「捨棄」可以從「送出」開始，除了保留生活品和可以繼續使用的物品，其餘屬非必要的多餘物，例如一些紀念品、書籍、雜誌、衣物、寢具等，則要把握趁機整理出清，狀況還不錯的先送人或捐出去，剩下舊的則淘汰，減少搬進新家的物品數量。

完成「捨棄」之後，還要進行「分類」，最簡單明瞭是以所屬空間來分，屬於廚房的東西，包括鍋碗瓢盆調味料就歸成同一大類，以此類推餐廳、臥室等空間。必須了解造成居家收納問題的「爆炸物」是哪些（通常是衣物和玩具），再進行收納設計規畫；因為不同於傳統櫃子作用只是填塞物品的容器而已，現在這事關櫃子要隱藏或開放、要做層板或抽屜等細節，好拿好收才是一勞永逸的關鍵。

1

搬家前，計算一下你的人生數量

如果你有請設計師，先別急著打包，讓設計師了解你的原有生活型態後，他才能規畫適合的圖面，你也才知道要丟些什麼，最後再分類打包。此外，計算一下家中的物品狀態，規畫新空間會更有概念。

物件	數量	尺寸（單個計）
玄關		
爸爸鞋子	＿＿＿雙	＿＿＿公分
媽媽鞋子	＿＿＿雙	＿＿＿公分
小孩鞋	＿＿＿雙	＿＿＿公分
鞋子清潔品	＿＿＿項	
單車	＿＿＿輛	
嬰兒車（是／否）	＿＿＿台	
客廳		
電視（座式／壁掛）	＿＿＿台	＿＿＿吋
視聽設備	＿＿＿台	＿＿＿公分
投影機	＿＿＿台	
喇叭	＿＿＿個	＿＿＿公分
光碟片（CD／DVD）	＿＿＿片	
遊戲主機	＿＿＿台	
特殊收藏	＿＿＿個	＿＿＿公分
餐廳		
電視（座式／壁掛）	＿＿＿台	＿＿＿吋
飲水設備（熱水壺、濾水器）	＿＿＿台	＿＿＿公分
酒櫃（是／否）	＿＿＿個	＿＿＿公分
CAFÉ器具（義式咖啡機／塞風壺／磨豆機）	＿＿＿座	＿＿＿公升
展示杯子	＿＿＿只	＿＿＿公分
展示盤子	＿＿＿枚	＿＿＿公分
花器	＿＿＿個	
廚房		
冰箱（單門／雙門）	＿＿＿台	＿＿＿公升
微波爐（是／否）	＿＿＿台	＿＿＿公升
烤箱（是／否）	＿＿＿台	＿＿＿公升
烤麵包機（是／否）	＿＿＿台	
氣炸鍋（是／否）	＿＿＿台	
調理機（是／否）	＿＿＿台	＿＿＿公升
烘碗機（獨立式／嵌入式）	＿＿＿台	＿＿＿公升
洗碗機（是／否）	＿＿＿台	＿＿＿公升
餐具（杯、碗、盤）	＿＿＿只	＿＿＿公分
鍋具（炒鍋／平底鍋／湯鍋）	＿＿＿只	
攪麵機（是／否）	＿＿＿台	
常用醬料香料	＿＿＿瓶	
其他特殊料理或烘焙器具	＿＿＿台	
書房		
防潮箱（是／否）	＿＿＿個	＿＿＿公分
書籍	文庫本＿＿＿本 普通開本＿＿＿本 雜誌＿＿＿本 特殊開本＿＿＿本	

物件	數量	尺寸（單個計）
電腦設備類型（筆電／桌機一體成型電腦）	＿＿＿台	
印表機（是／否）	＿＿＿台	
3C產品及充電器	＿＿＿台	
浴廁		
沐浴用品	＿＿＿瓶	
保養品	＿＿＿瓶	
毛巾	＿＿＿條	
書報架（是／否）	＿＿＿個	
美髮（容）設備	＿＿＿個	
臥房		
衣物	長吊掛衣物＿＿＿件 短吊掛衣物＿＿＿件 摺疊衣物＿＿＿件 其他衣物＿＿＿件	
配件	皮帶＿＿＿條 珠寶＿＿＿件 手錶＿＿＿只 太陽眼鏡＿＿＿件 帽子＿＿＿頂	
包包（公事／皮包／書包）	＿＿＿個	
瓶罐（化妝品／保養品）	＿＿＿瓶	
保險箱（是／否）	＿＿＿個	
小型音響（是／否）	＿＿＿台	
小孩房（除了臥房要件）		
文具	＿＿＿樣	
玩具	＿＿＿件	
書籍	＿＿＿本	
運動用品	＿＿＿項	
樂器（是／否）	＿＿＿件	
電腦設備（是／否）	＿＿＿台	
小型音響（是／否）	＿＿＿台	
特殊收藏或展示作品	＿＿＿件	
儲藏室		
相本	＿＿＿本	
工作梯（是／否）	＿＿＿個	
燙衣板（是／否）	＿＿＿個	
工具箱（是／否）	＿＿＿個	
備用棉被	＿＿＿套	
旅行箱	＿＿＿個	
大型家電	＿＿＿台	
贈品、禮品	＿＿＿個	
聖誕樹（是／否）	＿＿＿棵	
其他	＿＿＿個	

收納好概念 **6**

每天要用的物品，
如何好拿好收成為反射性動作？

 一日行程，決定家的收納方式，
從進門、起床、料理開始

很多人都有這樣的疑惑：「為什麼明明家裡做了很多櫃子，東西卻還是散亂在外？」主要原因就是因為「不夠方便」！現代的人生活已經夠忙碌了，對於麻煩的事自然是敬謝不敏，所以收納設計如果不能因應便利性，無法使人順手就能做到，絕對會影響「做收納」的意願。

一般人大多沒有回家後走進房間，將物品放回原位的好習慣，因此收納設計若能貼切日常流程，讓所有收納工作都在生活動線中依著行進路線分區完成，例如：回家後直接將外套、包包放進玄關的衣帽櫃。如此，可免除外套掛在椅子上、包包丟在沙發上的雜亂，這不但解決了人怕麻煩的心態，在不自覺中即順手歸位，要找物品時也不用大肆翻箱倒櫃，在固定區域搜尋就能找到。

依照生活動線規畫收納，另一個好處是可避免東西亂放放到過期，像是發票可以一回家就丟進玄關抽屜，不只皮包口袋不會亂糟糟，時間到了也方便對獎；或是家中最常用的棉花棒，東一盒西一盒，老是忘記放哪而重複採購，若依照每日生活習慣，擺放在浴櫃或斗櫃中，用完再購買，無形中也可省下不必要的開支。

1

媽媽的回家動線—從脫鞋到更衣

將廚房外移,方便每天煮飯的媽媽。入門動線對媽媽十分友善:進入家門→脫鞋→把菜放到廚房→到更衣室放外套→到浴室洗手→到餐廳和家人聊天、用餐。

玄關換鞋　　　　廚房放物　　　　　　　　　衣櫃更衣

2

女主人起床動線—從化妝、整裝到出門

對於上班族女性,掌握起床動線安排收納,才不會因為匆忙而把家弄亂。起床→到浴室刷牙洗臉→打開浴櫃抽屜拿化妝品→站著化好簡單的妝→換衣服出門。

起床進浴室　　　　化妝後進更衣室　　　　更衣　　　　出門

7

想要讓家美美的，
一定要買很多佈置用品嗎？

 解 餐具規格化、食材四季化，
用實用物件點綴居家

為了讓居家空間更有風格品味，你是不是有「看到喜歡的傢飾品，就想買回家放」的症頭呢？走到哪買到哪、東買一點西買一點的結果，導致家裡東西越來越多，本來打算用來美化佈置的裝飾品，最後成了雜物亂源的罪魁禍首，陷入要丟捨不得、要放又沒地方擺的困境，造成了左右為難的收納問題。

其實，這些為了佈置而添購的物品，通通可以不需要！因為最好用的居家飾品，就是每天要吃的食材和每天會用的餐具，把實用物品拿來當作佈置品，不但不會佔用多餘的空間、不用刻意收納，更能營造不造作的生活感，讓美感真正融入居家生活中。

以食材來說，四季不同的水果是最適合的佈置品了，色彩能隨季節變換，而且當季水果也最新鮮，無論對妝點空間和人體健康都有好處；以餐具來說，規格統一的款式是最適合的佈置品，因為少了大小尺寸不一的問題，擺放起來自然整齊不亂，而且又可以堆疊收納省空間。

此外，與其另外添購「擺好看」的物件，還不如在家具上，像是單椅的選擇、餐桌的質地上；或是家電選購：如電扇、冰箱，一開始就著重設計，如此一來，就能將機能與美感完全融合在一起，創造出不同的角落美感，同時也不會多了個東西佔用空間。

1

木製水果籃 vs. 好感餐具最百搭

要用水果當作裝飾品，少不了需要搭配盛裝器
皿，挑選一個簡單的木製水果籃是最百搭的了，
能襯托出各式水果的彩度。另外，透過特色餐
具，也能讓家更有生活質地。

2

生活物件、瓶罐都可當裝飾

除了水果和餐具，生活中天天會用到、容
易被忽略的必需品、實用的物件都能派上
用場，像是洗手乳罐、面紙盒、燭台、廚
房用具、家電等，都可以成為佈置品。

3

餐具顏色統一好搭，方形餐具比圓形好

餐具規格化還包含了顏色統一，其中以白色和透明款最實搭，當
然也可以挑選一兩件黑色或其他顏色的餐具，互相跳色搭配增添
豐富感。長、方形餐具比圓形更好用的原因，是因為圓形餐具即
使堆疊，周圍還是會產生畸零空間，但長、方形餐具能與櫃子貼
齊，完全不佔空間。

8

櫃子想要做足量，
空間還能一樣大？

 解 1/3 開放視覺美感、
2/3 隱藏強大收藏力

一座櫃子要如何切割、劃分外露和隱藏的比例，這個設計是大有學問的！以視覺美感來看，分割為三等份有不對稱的美感，是最好看的比例；以使用彈性來看，1/3 開放、2/3 隱藏式最實用的比例，可以是「隱藏－開放－隱藏」，也可以是「隱藏－隱藏－開放」或「開放－隱藏－隱藏」，豐富的變化性能隨櫃型自由調整，這樣的比例原則可運用於鞋櫃、衣櫃、餐櫃等，各式櫃子。

為什麼要採1/3開放和2/3隱藏的比例呢？其實物品的露與藏，和女生穿衣服時怎麼露才好看的道理一樣，把漂亮的部位露於外，缺點的部分藏起來，能為整體美感加分，換句話說，露的少、藏的多才能吸引目光！

你或許會問，全都露的櫃子，可以展示更多收藏；全都藏的櫃子，可以遮掩亂糟糟的雜物，不是很好嗎？但是試想一下，如果櫃子全部外露，不但暴露雜亂，也會失去焦點及美感，容易積灰塵更會造成清理上的不易；如果全部隱藏，則阻擋了視覺上的穿透感，而且也會因為不需擔心內部會被看見，不用顧及外表與風格的搭配性，導致不認真整理、排列，隨手亂堆之下豈不是又更亂了。

櫃面適度遮蔽，全開放易生雜亂

將櫃子分成三等份，最好的比例展示以 1/3 外露為原則，但若是物件屬性相同，也具有整齊的效果，則可以適度的釋放 2/3 做為開放展示，透過滑軌式門片，調整遮蔽區域，但無論如何，都不宜以全開放式為主。

局部開放展示，讓空間深度不變

預留 1/3 的開放，可以讓人的視覺不會只停留在門片，而是穿透到層架內的牆，在心理與視線的感受上，空間深度與原有的寬闊感仍會保留，不會被櫃體的厚度影響。

1/3 外露原則，
破解櫃體的沉重與呆板

櫃的規畫可以切割成 3 等份、6 等份，但整體的思考仍得以 1/3 與 2/3 的配比進行櫃子的設計。特別是大型櫃子，即使使用白色，也不免出現沉重或單調感，最好的做法，是取 1/3 空間，做穿透、開放式設計，讓立面可以出現不一樣的質地變化。

怎樣消除櫃子的厚度，
讓家不必稜稜角角？

 解 內凹式空間，
雜物消失、櫃牆合一

　　有沒有一種設計，能讓收納空間像穿上隱形斗篷一樣，既有功能又看不見雜亂？有的！只要將收納設計「塞」在空間四周內凹處，就能發揮這樣的神奇妙用。

　　在規畫時，將櫃子嵌入空間邊角，讓小家電、雜物、書籍、衣物、瓶瓶罐罐等，全部都「藏」進內凹的角落，除了使用上拿取方便，同時亦能化零為整，保持視覺上的清爽乾淨，而且因為櫃子融入牆面、合為一體，所以也感覺不到櫃子的厚度，大幅減輕了櫃體體積帶來的沉重感。

　　這種內凹式收納設計，適合使用於哪些空間呢？
　　坪數小的空間：雜亂會讓小坪數顯得更擁擠，將雜物隱藏在視線看不到的地方，能使空間看起來更開闊。
　　擁有很多瑣碎物品的家：零散的小東西最需要不被看見，藏進內凹角落是再適合不過的了。
　　樑柱多的房子：樑柱多會產生畸零空間，設計成內凹置物區剛好能解決格局問題，也增加收納空間。

　　凹牆設計的施作上，有時需得讓後方空間後退一些，但未必會減損另一空間的坪效，也可以在同一牆體，雙面同時存在平面與凹槽，創造出兩個空間皆有的內凹收納區。如此一來，屋主可以依預算和喜好，將系統櫃，或是家具店採買的櫃子，輕鬆置入。

1

牆板包覆設計，創造分格區塊

所謂的內凹設計，不見得都得後退才行，有時運用牆板的兩側包覆，反而會創造出三個內凹式空間，可讓不同櫃體分格置入，立面看來更為齊整。這樣的手法，運用在廚櫃的統整上，十分適合。

2

牆體後退，安置櫃與設備

裝修時，牆體的位置有時並不一定要平平整整才是最好的，如果打算擺放一些邊櫃，不如考慮局部的牆體後退，嵌入櫃體後，空間才不會凹凹凸凸的不平整。此外，在規畫電視牆時，不妨因應後方的集線空間，讓音箱也可以延用同一平面的內凹深度，所有設備一次嵌入。

3

畸零樑柱區，環繞空間渾然天成

有的家中會出現上樑下柱圍繞起的一個內凹空間，例如餐廳側牆，像這樣的角落，恰好可以擺放深度較淺的櫃體，不需大動土木，就可以讓空間變得很平整，也多了一個收納區域。

10

更衣室、儲藏室
只能豪宅才可以擁有嗎？

 解 只要1坪，
更衣 vs.儲物都能有獨立空間！

　　以往家裡要有更衣室和儲物間，可能房子需要夠大才能挪出空間規畫，但你知道嗎？其實只需要1坪就能搞定！也就是說，無論空間大小都可以擁有更衣室或儲物間，而且坪數不用多，卻能大大提升收納量！你一定很好奇，1坪那麼小的空間，如何能創造出大收納量？重點就在於「內部」設計。

更衣室　1　掌握系統櫃3（30公分）、6（60公分）、9（90公分）的規格化原則，組合出適合的櫃子尺寸，可符合空間大小，且省錢也省時。

　　　　2　動線以中間為走道、兩側雙排為設計，可兩人同時使用，不互相干擾。

　　　　3　更衣室通常有門或在臥房內，所以櫃子不需再做門片，以吊桿、抽屜為主，方便拿取也省掉門片打開時會佔用的空間。

　　　　4　若是非密閉空間，而是獨立的ㄇ型區域，如此的半開放更衣室，由於沒有進出門片，則必需安裝櫃門，並清楚分層板區、吊掛區，同時在櫃門內側安裝整衣鏡。

儲藏間　1　門片以隱藏式為主，與牆面融合成一體。

　　　　2　以活動式層板為主，方便隨收納物大小、高矮調整。

　　　　3　100公分以下處可放行李箱等大物品，100公分以上可添購收納箱置物。

　　　　4　如果沒有衣帽櫃，儲藏間可隔出一些空間添置吊衣桿或雨傘架，收納穿過的外套、雨傘、安全帽等。

Point

1

更衣室，上吊掛、下抽屜最適用

將需要吊掛的衣物規畫在上層，下層抽屜可放摺疊好的衣物，若是層架為主，也可搭配活動抽屜，分類取用十分方便；至於上下採用吊桿，衣櫃高度的劃分要依照衣物類型規畫，上層吊掛長大衣，高度需要多一點，下層褲架吊掛對折的長褲，高度不需要那麼多，組合起來就剛剛好了。
（下圖／無印良品）

Point

2

儲藏室，層架上下挪移最彈性

以家中畸零的小空間來打造儲藏室，在空間的規畫上主要以層架為主，層架採活動式，隨著物品的尺寸大小而挪移。在規畫時，可特別讓下方空間挑高，以便擺放吸塵器、行李箱等較高物件。

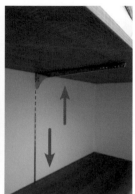

Point

3

頂上空間，大型物品收藏

更衣室上方可以不做到頂，由於深度約為45 ～ 60cm，可平穩的置放如換季被子、行李箱等，平日不常用的大型物件。

11

家中電線亂糟糟，
怎麼規畫才會好？

 解 插座先卡位，
讓電線乖乖藏好

居家生活上會使用到各式各樣的家電，電線當然也就特別多了，以空間來看，客廳和書房可算是線路最多的區域，因為有電視、燈具、電腦、傳真機、印表機、網路等聚集在此，如果任由線路裸露在外，不但看起來凌亂，行走時不小心就會被絆倒，造成居家安全上的危機，所以線路隱藏設計也是收納重要的一環。

除了線路之外，插座的位置設定錯誤，也是另一個會引發電線亂糟糟的原因。總的來說，插座的位置不該設置在動線上，例如房間門口，除了會影響行進也破壞美感。不妨選擇牆角處，方便除濕機、電風扇、打掃機器人使用。另一種嵌入地面的彈跳插座，最常規畫於餐桌、書桌下方、距離桌面內緣約40公分處為佳，日後若要換小一點的桌子也不怕外露，照樣能藏得好好的。

至於廚房或是餐櫃的插座規畫，在事先應先考慮各式用電設備的所在位置，就近用電，但要特別注意，流理台插座不宜緊靠台面，避免水潑；同樣的，家中若使用免治馬桶，一旁的插座應做好防水設計，如此一來，清洗浴廁時才不會有危險。此外，插座開關在視覺規畫上也要特別注意，有時，浴室門改為暗門，旁邊壁面也會跟著設計為造型牆，這時燈的開關必須移至浴室內，才不會破壞美感。

1
書桌下、桌面皆可藏線路

書桌的線路有兩種收納方式，線路非常多可在桌下設計門片收納櫃，一般線路則可在桌面設計出線槽隱藏，預先替電腦等相關設備準備，避免到時候線路亂亂跑。

2
彈跳插座設在桌緣下方，臨時性插座擺牆轉角

彈跳插座不建議嵌入在餐桌正下方的位置，因為如果是圓桌，插座可能會被中間桌腳壓住，無法使用了，所以留在桌緣下方是最保險的位置。此外，客廳空間裡，提供一般清理、除濕家用電器的插座，離地高度約為20cm左右較適合，並盡可能在轉角處。

3
廚房電器多，預留插座就定位

廚房是各式小家電匯集地，從較大型的如冰箱、烘碗機，或是電熱水瓶、淨水器……林林總總，建議列出清單，確定設備共有哪些，以免屆時使用延長線造成不便，或是負載過大的危險。此外，接近用水區的插座，應距離台面至少10cm高度，以免積水觸電。

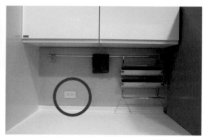

4
自行加工，櫃與插座的便利結合

有時家中會遇到插座正好被家具或櫃遮擋，為了讓該角落運用，可以自行在櫃側邊緣自行DIY，如此一來，不必再從遠端拉線，可以就近使用。

12

想讓櫃子收物好用，
視覺美感也兼顧？

解 櫃內分隔、外觀深淺、門片
數量都是關鍵

打開櫃子，裡面雜物卻塞得亂七八糟；關上櫃門放眼望去，尺寸不一、顏色沒統整的櫃子讓家感覺雜亂，到底怎麼做，才能讓收納達到內外皆美呢？

以內部來說，「櫃內分隔設計」上，若採用系統櫃，可先依照物品性質決定使用層板或抽屜；若是現成傢具櫃，由於層板固定不能調整，因此可利用透明抽屜等小配件彌補現成櫃的不足。此外，櫃子不只要符合收納習慣，還必須搭配空間，包含風格、色彩等，透過細緻的細節，才能提升視覺美感，落實生活美學。

Point

1

櫃分隔，尺寸深淺影響大

以玄關鞋櫃為例，上為抽屜，下為層板，上下切割出不同的置物類別，即便是下方置鞋處，也另以門片分隔成兩區，右側可調層板放置雨具、包包或是靴子。（圖片／無印良品）

Point

2

門片比例、深淺櫃色效果各異

櫃門或抽屜的分割，依單雙數會有平衡與隨興不同變化。此外，淺色門片能減少厚重感，也能融於牆面中。深色櫃有著低調、穩重的質感。

13

不想家中都是櫃，
東西不夠收怎麼辦？

解 桌、椅、床，
美美的家具也可以收物

對於不喜歡家中櫃子太多，造成壓迫感的；或是預算有限，無法做裝修的人而言，面對還有那麼多物件四處散落，如何放、如何收，總是讓人傷透腦筋。其實，家中必備的桌、椅、甚至於床，都可以在採購時多給些關注，如餐桌椅可選用下方為箱型的款式；客廳空間，便可以在沙發下方做鏤空式收納，或在抽屜的邊几上著力。針對空間較小的住宅，茶几也可以採高低不同的二～三件式，使用時攤開成為長桌面，不用時則疊放，置於沙發旁當小邊桌。這些，都是透過家具的協助，創造更多收納與空間的方式。

Point
1

床下1坪收納，
等於一座直立小衣櫃

臥室收納的加強版，可以落在床架的收物功能，上掀床或是深抽床架，提供了實用的輔助。不只是側邊可以做抽屜，床墊下方也可置物，甚至連床腳下方也是個迷你收物區。(圖片／無印良品)

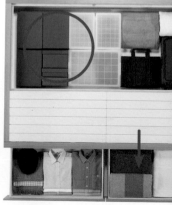

櫃知識 # 14

櫃子大又多，東西一樣丟外面？

 解 先確認「要收什麼」，
再決定櫃子的型式！

很多人在裝修時，最常講的一句話就是：「我東西很多，櫃子越大越多越好！」可是，家裡做了很多大櫃子，雜物就會變不見嗎？其實不然，否則也不會老是聽到有人「望櫃興嘆」，抱怨著「為什麼櫃子再多都不夠用」了。

為什麼櫃子會不夠用？答案是「不好用」，而不好用的原因就出在「不知道要放什麼」，因為不了解收納物品的性質，櫃子無法依照物品量身打造，不能判斷是需要層板還是抽屜，甚至是抽屜深淺都是收得好不好的關鍵。因為不了解其中的差異，以致於做好的櫃子一點都不符合需求，東西怎麼放、怎麼收就是不對盤，最後自然就散亂在外了，所以先清楚知道櫃子裡要放什麼再精準規畫，家裡真的不需要很多大櫃子。

除了櫃子本身是否好用之外，櫃子形式用在不同空間，也會影響好用指數，例如：更衣室適用高櫃，讓收納機能完全展現，但臥房不宜全都採用高櫃，主要是會產生壓迫感，讓人感到不舒服。

櫃子多，到底有什麼缺點？最現實的問題就是櫃子做得越多，花費越高，此外，每多做一個櫃子，家人可以活動的空間就會減少，適量的櫃子和好用的收放規畫，往往會將需要安裝的櫃量大大減少，聰明的屋主，是不會在這房價飆漲的時代，用10年來都沒用上的物品和衣物，去佔用一坪50萬，甚至百萬的空間。

1

零食與乾貨櫃，
滿足以食為天的家庭

對於習慣存放大量零食與乾貨的家庭，建議在餐廚櫃區設置零食櫃。一般來說，可以選擇寬30cm薄型拉軌零食櫃，需求量大的，也可選用門片式（俗稱大怪物），採多功能、並可旋轉的櫃內五金做為零食櫃，從櫃內到門片內側都可充份利用。櫃內五金的尺寸選用，依需求分為寬30cm、40cm，也可將2個40cm的櫃子做加大整併。（場地／昌庭）

2

文具放淺抽，資料放深抽

對於文件和文具較多的工作室、書房，井然有序的分區置物，會讓工作和做功課更有效率。層板和抽屜是儲物櫃的必備設計，抽屜除了深度不能太淺之外，高度也要有深淺，25公分深抽放資料、15公分淺抽放文具，所有物品都能被收好。

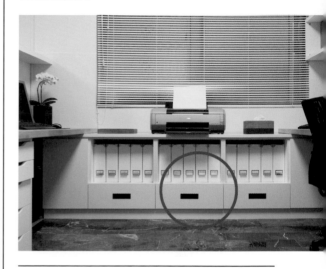

3

書櫃要好用，
先確認書的數量、尺寸

書的尺寸、數量計算，關係到書櫃內部設計，以及在排列時是否可以多釋放出更多層架。通常原文書高約30～32cm，層架高度得預留33cm，數量不會太多；常見書籍高約21～23cm，層架高得預留25cm；其他就是小字典、CD片，預留15cm高度即可。此外，書櫃層板的跨距以60公分為最佳，一來長度太長板材容易下凹，二來書如果放不滿會東倒西歪，造成視覺上的雜亂。（場地／百慕達傢具）

15

高櫃好？半高櫃好？
選櫃讓人很煩惱！

 解 高櫃主打備用儲物、矮櫃擺隨取小物，
生活物品井然有序！

　　每種櫃子都有它的優缺點，只要找到合適的用法，不但優點會加分、缺點也能變優點！現在就從最常見的高櫃和矮櫃來比一比。

　　矮櫃的特色是是分類清楚，通常以抽屜為主，拉開來一目瞭然，是屬於即用品、零碎小物放取區，如藥物、眼鏡、小文具……。這類櫃體運用在空間較沒有壓迫感。

　　至於高櫃部份，大致是出現在玄關區、臥室、更衣室，特色在於收納量大，最好是頂天立地型，不只可以將空間完全利用，同時也不會在高櫃上方堆積灰塵。但也因為高櫃的上方取物不易，因此在規畫時，就得將收納分成上下兩區塊處理，好用的高櫃如衣櫃，通常可以在210 ～ 300公分放置換季衣物、寢具及珍藏品，平日不太使用，具備了儲物櫃的機能；而210公分以下則主要置放常用物品，像是當季鞋子、衣物等，意在取用方便。

頂天立地櫃、半高櫃比一比

櫃型	高櫃	半高矮櫃
尺寸	頂天立地高度約300公分	一般約90 ～ 120公分
優點	＊空間100%利用，儲物量大 ＊櫃和天花板無縫隙，不怕櫃頂積灰塵	＊取物方便、高度適中，無壓迫感 ＊以抽屜形式為主，可分類置物
缺點	太高的地方不好取物	櫃子上方及壁面空間浪費

高櫃＋矮櫃，
滿足收納與空間平衡

櫃子不是越大越好用，以主臥來說，若兩面都做高大的衣櫃，空間會顯得壓迫，不如選擇高櫃搭配矮櫃的方式，滿足收納和空間感。高櫃內部要有意識的從上而下，分為收藏、常用、備用三大區。

折衷櫃設計，
現成半高櫃＋木作補足

現成傢具櫃因為搬運時考量到要進電梯，高度通常都在210公分以下，無法達到頂天立地，這時可利用木作或系統櫃將上方空隙加做櫃子補足。

半高矮櫃，
專收零碎小物

半高矮櫃通常在單一空間做為輔助性的收納，以抽屜型式為主，置放隨手取用的小物，不同的半高櫃在抽屜的深淺、抽屜分隔和數量有所差異，在選購時得先設定有哪些物件會歸位在此。此外，矮櫃上方平台亦可成為擺飾，或是鏡臺、電話等實用物件置放區。

16

層板好？抽屜好！
什麼才是最佳選擇？

 解 抽屜櫃最百搭，
長輩、小孩都適用

　　櫃子的種類繁多，挑選時很容易陷入不知從何選起的困境，如果想破頭都不知道要選哪種櫃子才好，那就選抽屜櫃吧！這是因為，居家空間中的瑣碎物品很多，而抽屜櫃就是最適合用來收納這些東西的櫃型。

　　以空間來看，從廚房的鍋具、調味品；餐廳裡的餐具、書房裡的文具，以及臥房和更衣室裡的摺疊衣物、兒童房的畫筆、圖畫紙、作品等……，這些不算大體積的物件都是需要抽屜來進行收放，其收納量也會比層架來得更多。

　　以族群來看，無論男女老幼，都會有屬於自己的零散物品，抽屜櫃不但能協助分類，由於位置多在高度120cm以下，拿取時十分很方便，且不需要伸長手、爬高才能拿到東西，降低扭傷、跌倒的危險性，可說是人見人愛的百搭櫃型。

不同年齡層，適用的櫃高度

族群／條件	一般成人	老年人	小孩（3～7歲）
身體條件	身體健康，可蹲低、可爬高	無法蹲低、不能爬高	礙於身高，可蹲低但爬高危險
抽屜高度	適用0～120公分	適用50～100公分（身體微彎就能取物）	適用0～75公分
層板高度	適用120～210公分	適用100～150公分	適用75～120公分

1

老人家 vs. 抽屜櫃，
不低於 50cm 最順手

對老人家而言，抽屜優於層板，在於抽屜取物放物，以及視線上尋物功能較強。針對老人家的需求，只要平日使用的抽屜層不低於50cm，都不會太吃力。遇到接近地面需要彎腰蹲下的抽屜，就拿來存放不常用的備份物件，取用時請家人協助即可。

2

廚房台面下，
抽屜收納優於層板

廚房要收得好，大量的抽屜櫃是不可少的。一般流理台、料理台面下方，由於視線角度的限制，無論是餐具、鍋具、甚至回收筒取用和歸位，拉抽式的規畫，只需要低頭就可以一覽無遺的取放完成，相較於傳統流理台下方，採層架規畫，不只要蹲下，還得費力的翻找，便利許多。(場地提供／昌庭)

3

抽屜做厚薄深淺搭配，
空間不浪費

有時，過深的抽屜即便底層擺滿東西，上方仍有好大的空間，這時，不妨將同區抽屜櫃做出厚薄深淺不同規畫。一般抽屜高度為25cm，但並不一定得個個相同尺寸。像是用餐區習慣使用餐墊、紙巾等較平面堆疊的用品，則可規畫為高度20cm左右。若有高、厚的物品則可以規畫30cm左右的抽屜收放。

17

鞋子太多裝不下，
鞋櫃老是大爆炸？

 解 鞋子要分常穿、不常穿收放！
分類分區才好用

家裡最常見的「爆炸物」排行榜，鞋子肯定是前三名！先撇除無法控制購物慾、太愛買這類個人因素，鞋子容易成為「爆炸物」的原因有哪些呢？

- **種類太多**：皮鞋、球鞋、休閒鞋、涼鞋，再加上女生還有高跟鞋、長靴靴、短靴等，無法統一規格、整齊收納。
- **尺寸不一**：男鞋、女鞋、童鞋的大小不一，需要的收納空間、深度、高度不同，在同一個櫃子內較難滿足所有需求。
- **用途不同**：除了常穿的鞋子之外，還會有因應特別場合而穿的鞋子，有些人的鞋子甚至是收藏品，不能全部混在一起放。

找出問題所在之後，就不怕想不出辦法解決！「分類」就是讓鞋子不再爆炸的最佳 solution，不但收納方便，拿取時也好找到要穿的鞋子。

- **依空間分**：小空間在鞋櫃內分層放，較大空間規畫衣帽間，分區收。
- **依頻率分**：常穿的鞋子放在玄關矮櫃，不常穿的放在其他高櫃。
- **依季節分**：當季鞋子放在鞋櫃，其他鞋子先收進儲藏室，每季 更換。

在鞋櫃的規畫上，若為隱藏式，鞋櫃的門片以對開最適合，橫拉門反而會擋住收納動線，使鞋子不好收放；門片也不宜太大，以免開門時人需要後退，浪費過多迴轉空間。

善用鞋盒，
常穿備用清楚畫分

有人認為鞋盒佔空間，但其實也有助收
納，可將不常穿的鞋收在鞋盒，鞋盒上就
擺放常穿的放在盒上，好拿又達到雙層收
納功能。若是高櫃，換季才會拿出來的鞋
子，則可以往櫃子最上方擺放。

鞋櫃層板可活動，空間運用才彈性

因為鞋子會因人和鞋型，有大小、高低的不同，所以櫃內層板必
須採活動式，才能因應鞋子種類調整。此外，若是上櫃想做為衣
帽櫃，深度約60cm，下櫃也可採取滑軌式層板，前後都可以放
鞋，增加收納量，也方便拿取。

更衣室收鞋法，衣櫃下方也能收

家中更衣室的衣櫃下方，在選購訂製時，不妨可以預留
最下方的空間，收藏平日較少穿的鞋子，透過擺放與排
列，即使鞋盒外露也有齊整感，同時也好尋找
想穿的鞋子。（場地／昌庭）

18

衣櫃看起來都一樣，
哪種才最適合我？

 解 衣櫃內部設計，
依習慣折法、類型規畫

不要小看衣櫃都差不多，選對衣櫃讓你輕鬆換裝，選錯衣櫃會天翻地覆出不了門。重點在內部的吊掛、淺抽、深抽、層板，變化選擇多，如何選擇適合自己的衣櫃？首先檢視衣物類型，是適合摺疊的多、還是需要吊掛的多？這決定櫃內要以吊掛還是以抽屜為主，並沒有一定比例，完全視衣物性質及習慣調配，也有人習慣棉質衣物全都掛起來。

如果你是穿著休閒的年輕運動型、自由業、從事設計或學生，衣物通常是不怕皺的柔軟棉質，適合上方吊掛、下方多抽屜。

如果是專業人士、主管級、上班族、業務員，平時必須穿西裝打領帶、穿套裝或小洋裝，就適合上下皆是吊桿空間的衣櫃。西裝褲多的話，下方一部分空間可裝褲架，但要注意自己是否習慣用褲架，否則褲架下方只會變成拿來塞衣服，反而成為障礙物。

假如是毛衣、牛仔褲或包包的狂熱者，這類東西特別多，則適合用層板收納，因為有厚度重量，不好吊掛、一下就佔滿抽屜。

所以，要讓櫃內配置符合衣物性質，很多人的衣櫃都犯了削足適履的錯誤，明明襯衫多，卻使用多抽屜的衣櫃，掛不下只好塞抽屜，選衣穿衣變得非常麻煩。

1

自由型人—折疊為主

上方吊掛一些基本外套、會皺的衣物，下方以收納摺疊衣物的抽屜或抽籃為主。抽屜要有深淺抽放置不同厚度衣物，也有人喜歡一目瞭然的抽籃，最好設在有門片的衣櫃內以免視覺凌亂。缺點是不適合放小衣物，周圍也有一些空間會被浪費，不如抽屜收納量來得紮實。

2

業務型人—吊掛為主

上下皆以吊掛為主，下方適量設抽屜或拉籃，如果西裝褲或裙子多，可以考慮做褲架裙架。在上下吊掛間做薄抽屜，可放領帶等小物。女生若有小洋裝，則可留一格高140cm、寬60cm的區域，因為洋裝數量通常不會太多，可和長大衣吊在一起，洋裝長約110cm，下方空間還能放置摺疊衣物。

3

包包也是要角—層板為主

除了吊桿和抽屜，層板是收納有厚度物件的好幫手，例如毛衣、牛仔褲，尤其是包包多的人，可以自由調整高度的活動層板非常便適合。硬挺的包包不能擠壓，層板是首選，小型或軟包包則可以利用轉盤收納，或是裡面塞填充物亦適合放在層板上。

19

櫃與牆間有小窄縫，如何做收納利用

 解 從10～30公分，
掛桿 VS. 薄型櫃最好用！

在寸土寸金的高房價時代，居家空間不允許有閒置空間，哪怕只有10公分，也要想辦法好好利用！一般情況下，如果遇到櫃子與櫃子之間，或櫃子與牆壁之間，有10～30公分尷尬的「縫隙」，最常使用的解決方法就是直接填補起來，這樣做雖然粉飾了表面的空洞，卻也令人有「白白浪費了使用空間」的感覺，其實這麼狹窄細長的空隙，將具備收納機能的薄型櫃拿來運用，才是最好的設計手法。

一般來說，薄型空間最常出現在於廚房、洗衣間、衣櫃等處，透過不同的輔助櫃和掛桿掛勾，並依寬度大小搭配不同的收納物品：

· **10公分**→加裝掛桿，置放毛巾、抹布。
· **20公分**→加裝籃架，擺放醬料瓶、清潔用品。
· **30公分**→加裝拉抽，擺放食品零食，或添購現成塑膠抽屜，收納襪子
　　　　　　等小型衣物。

針對較狹長的空間，如舊式公寓的後陽台，若寬度低於100cm，擺放垃圾桶或是分類回收桶，往往會佔用40cm的位置，讓動線受阻。又或是較窄的玄關區，仍希望有收納功能，選用深度30cm以下的薄型櫃貼著牆面擺放壁掛，可讓走道區減少壓迫感，在視覺上也十分齊整。

1

10 公分，
壁掛式設計夾縫中好生存

在家具與櫃子、或壁面與櫃子之間，若有低於 10cm 的窄縫，仍可以利用掛勾充份使用，例如創造出吊掛功能，用來擺放面紙盒，或其他較薄的物件。有時，料理台或廚具側邊的窄縫，也可安裝掛桿，做為抹布、擦手布半隱藏式吊掛處。

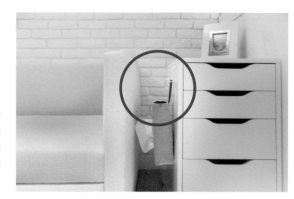

2

20 公分，醬料瓶、調味罐，
廚房薄櫃最好用

規畫於廚房裡的薄型櫃，可用來收納各式調味品，單一瓶醬料的尺寸大小，放在 20 公分寬薄型櫃中剛剛好，其他小罐調味料則適合置於 30 公分寬薄型櫃。至於零食乾貨的拉抽薄型櫃，容量大，也是十分好用的廚房收納幫手。

3

30 公分，衣櫃省五金，
薄型抽屜更實在

對於預算有限、櫃內空間有限的屋主，衣櫃內可採簡單的吊掛與層板規畫後，直接採購活動式薄型抽屜，不佔空間還可以省下一筆五金花費，而不同高度的抽屜組合，也更方便因應各種貼身衣物的分類擺放，即便是較小的書桌下方，也可以使用，不會礙腳，協助文具收納。

20

收藏是唯一樂趣，
斷捨離怎麼會適合我？

 解 學學故宮的「輪展」收納法吧！

居家空間除了生活用品之外，因個人嗜好、興趣蒐集而來的收藏品，也是需要被收納的物品。收納的好，收藏品能為空間美感加分，收納的不好，就成了讓人頭痛的雜物，也會是造成空間像倉庫的亂源，到底這些有著特殊情感或價值的收藏品，應該怎麼收納才好呢？

有人會說：「我有那麼多珍貴的收藏，當然要全部擺出來欣賞啊！」有這樣的想法，肯定無法做好收藏品的收納，因為收藏品並不需要全部排排放展示出來，一來視覺上顯亂，二來會無法聚焦，讓收藏品失去了裝飾價值，家也變成了賣雜貨的大賣場，完全突顯不出這些珍藏的珍貴性。

試著學習故宮的「輪展」概念，將收藏品以「換季」的方式收納管理！首先，規畫一個具備上有展示區，下有門片的櫃子，上方可以透明玻璃搭配層板，秀出珍藏品，其他收藏品可收於下方門片櫃內，方便隨風格、心情、季節等因素，輪替更換，不但讓每樣珍品都有機會亮相，也能趁更替時檢視，減少購買重複物品的機會。

如果收藏品種類多但數量不多，可大小尺寸混搭，或與花器、蠟燭一起收納，但若藏量龐大則可獨立一櫃收納，呈現數大便是美的美感，也是另一種收藏展示的方式。

1

收藏品可分區展示

收藏品不一定要集中展示，可挑選一些擺放在書櫃層板上，與書籍相互搭配，或是較明顯的展示區，適量陳設，都具有畫龍點睛的效果。（圖片／IKEA）

2

展示區高度，適合在120 ～ 200公分內

選櫃時，可以選擇展示與收納上下區隔的兩截式櫃子，上方外露欣賞之用，下方儲物隱藏之用。展示區的最佳區域應落在120 ～ 200公分處，這樣的高度除了拿取更換方便，也符合視線欣賞範圍。（圖片／IKEA）

3

落地擺放大型收藏，緩衝空間尖角

有時家中會有大型的收藏品，如火爐老件，不便安置於展示櫃中，不妨擺放在空間的轉角處，在提升居家美感、解決收納問題之餘，同時緩衝了轉角的尖銳感。

CH2

跟著生命軸前行，
收納大不同的７個家族

case

拯救車庫佔屋，
全家睡同房的一家人

從捨棄、分類、歸位，徹底的做一次吧！

住宅類型：公寓一樓　**坪數**：25坪　**家族成員**：夫妻、兩個小孩
空間配置：玄關、餐廳、廚房、書房、主臥、小孩房、衛浴
使用建材：超耐磨地板、白膜玻璃、系統廚具、實木貼皮

BEFORE
一車庫。

空間診斷123

1　**物太多**：家中有三多，書多、玩具多、雜物多
2　**家太小**：25坪長形老屋格局，車庫幾乎佔了家的1/3面積
3　**房太少**：兩大兩小共擠一個臥室

1　**丟、送、分、放**：徹底檢視需求，將該丟的丟，用不到的轉送，只留會用的物品
2　**捨棄車庫**：車子改停外面，把空間讓給公共空間
3　**廚房前移**：把位於走道的一字型廚房向前移，並與餐廳整合、放大使用範圍

只有20多坪的家，卻有1/3給了車子當車庫。一家四口卻苦哈哈的擠在同一個房間裡！走進屋裡，玩具、書本，幾乎要把家給淹沒。

這一切，都是當初信誓旦旦的說：不生孩子，不生孩子！所造成的後果呀。既然孩子生了不能改，還好房子可以改，於是我們先把車子趕出家門，把空間從頭收拾起……

通常，想要重新整頓自己的家，最希望的就是迎接新家之後，收納的問題一次都解決，其實還得先重新檢視一下，平日不自覺的「壞習慣」。

就是先看看堆在角落的東西以什麼居多，通常也就是那樣東西無家可歸，或是已經多到溢出來了。多到溢出來的，是不是可以減量呢？透過規畫出來的SOP，本案的屋主跟著設計師的流程與空間重整、收納設定，一步步的完成多次捨棄、現場分類，以及事先定位事後歸位。

註1
接收二手用品、家具的管道
1 **惜福伯二手家具** 02-2211-2025／0927-700-281
回收各式可維修再利用的家具及家用電器，用LINE傳照片即可估價
2 **木匠的家資源回收站** 03-468-3836
清潔隊可安排前往清運、回收堪用或可修繕的廢家具、二手物、電器等
3 **家扶基金會** 04-220-61234
可與當地家扶中心聯絡，捐贈二手衣、文具、書籍、鞋襪、電器等可正常使用的物品
4 **陽光基金會** 02-2507-8006
將二手書送到合作的愛心協力書店，即可將回饋金指定捐給陽光基金會
5 **十方之愛二手商店** 04-2239-3008
所有物資皆可，整理後會在二手商店拍賣，所得全數使用於小朋友早期療育使用

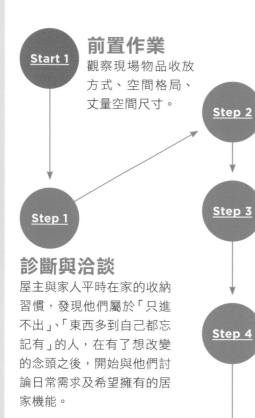

前置作業
Start 1
觀察現場物品收放方式、空間格局、丈量空間尺寸。

平面圖規畫
Step 2
設計師先畫出平面規畫圖。

會面與說明
Step 3
向屋主說明格局會如何重新調整，以及為什麼要這樣改變的原因，再更進一步解釋變動之後，能為生活帶來哪些好處與便利。

診斷與洽談
Step 1
屋主與家人平時在家的收納習慣，發現他們屬於「只進不出」、「東西多到自己都忘記有」的人，在有了想改變的念頭之後，開始與他們討論日常需求及希望擁有的居家機能。

取捨＆捨棄
Step 4
屋主與家人都同意設計師的規畫後，就開始進行居家「清倉」行動，把已經壞掉但捨不得丟的、留了好久但已經好幾年沒用過的、別人轉送但不適合的物品，全部做一次大整理，捨棄這些不需要的東西。

Ending

入住！家真的乾淨了，媽媽有好用的工作室，爸爸有大量藏書的地方，小孩也有了自己的空間。

Step 9

歸位

一切物品都依照平面圖的規畫順利歸位，各空間的物品都有該放置的位置，每個人的書也都有各自的擺放區域，玩具則採取分區收納的方式歸位，利用掛勾、吊桿、收納盒等隨手收拾，養成良好的收納習慣

Step 8

第二次捨棄

房子裝修好後，屋主將物品擺放進來，發現東西還是超量，於是找來朋友幫助檢視哪些物品其實並不需要，只是捨不得丟而已，再做第二次捨棄，調整自己因為過於念舊導致收納問題的個性。

Step 7

家具進場

以淺色系為該居家設定，系統櫃安裝、廚具安裝、並採購淺色沙發與餐桌。

Step 6

裝修

1 原本的車庫讓出來，1/2做為玄關陽台、1/2併入開放式廚房，

2 書房前移做半開放式

3 利用樓梯下方做電視牆、儲藏室

4 接近後陽台處撤掉所有過道，成為兩間獨立的臥室。

Step 5

分類＆轉送

在平面規畫時，已經知道哪些物品未來會放在哪個區域，因此將物品依照劃分好的空間用途進行分類，並將多餘的物件整理好，轉送給需要的朋友或相關回收單位，不囤積也不浪費。[1]

這 間25坪的老屋是女主人從小長大的地方，結婚時重新裝修就成了夫妻倆的新房，因為一開始小夫妻兩人就沒有要生小孩的打算，所以格局規畫樂得讓倆人輕鬆使用。最奢侈的，就是留了1/3的空間做為車庫，其他便是客廳，一間主臥和一間小書房，以及位在走道上的一字型廚房。

誰知道世事難料，說不生的倆人，卻在幾年後一下子蹦出兩個小孩！

這麼一來，原本的新房成了惡夢，兩大兩小同睡在一間房，玩具、書本、東西多，只能凌亂地到處隨地堆著。每次一到假日，就好像是被家中雜物給趕出門的，因為家裡根本沒地方能待，更別說邀請朋友來家中作客了。

這樣雜亂無章的生活，直到大兒子即將上小學的前夕，夫妻倆終於忍無可忍，決心要重整空間，擁有一個「正常」的家。他們願望其實很簡單，先要把兒子們「趕出爸媽的床」，讓大家都有好的睡眠品質；假日可以不要急著「奪門而出」，好好享受居家生活；甚至有朝一日，在家下廚邀請親友到家中聚會。對於新空間，屋主還希望可以使用上10年，之後再進行換屋，而這樣的夢想，要如何實現呢？

第一步—丟吧！用不上的就是和人沒緣份
收納除了和空間有關，和個人的個性也有很大關聯。

男主人非常熱愛閱讀，什麼類型的書都喜歡買來看看，再加上工作性質有許多大型的參考書，因此家裡的書籍量爆多，現有的書櫃完全不夠放，所以到處都能看到散亂的書本，不小心還會踢到、絆倒，一點都不誇張。

女主人是在家工作的SOHO族，不僅有很多的資料文件，還必須有電腦、事務機等設備，原有的小書房容納一人使用已經不堪負荷，更別提要邊工作邊督促兩個兒子寫功課了，因為亂糟糟的書桌根本挪不出任何空位啊！至於小孩子最多的當然就是玩具了，走到哪玩到哪，玩膩了就隨手一丟，沒有固定的收納地方，也是造成混亂的主因之一。

由於男女主人都是個性不易丟棄的人，家裡東西只進不出、越堆越滿，再加上人緣好，經常有朋友會把成套的書、玩具送來家裡，但空間卻早已飽和，在無處可放的情況下，只好到處亂堆，最後面臨難以收拾的窘境。

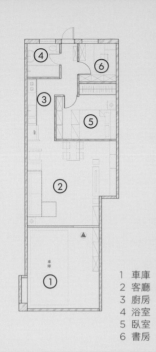

1	車庫
2	客廳
3	廚房
4	浴室
5	臥室
6	書房

客廳
Living room

玩具和生活用品都匯集在此。

廚房＋浴室過道
Kitchen & bathroom

十分狹長的空間，幾乎要側身而過。

臥室
bedroom

一家四口都睡在此。

書房
Study room

資料文件多，在取用和分類上十分不便。

假如要替這家人打分數的話，在收納三要素上，大致是捨棄20分、分類20分、歸位5分，也就是只有不及格的45分！因此改變的第一步，要從「丟」開始！要捨得丟，個性也必須跟著調整，改掉猶豫不決的性格，讓捨棄至少提升到30分才行。

首先把東西依照使用頻率分類，哪些是天天要用的，哪些是經常使用的，哪些是留了很久卻沒用過幾次的，哪些是完全用不到的，區分出來以後就知道哪些要留哪些要丟，再評估要捨棄的物品有哪些人可以轉送，或有哪些適合的單位機構可以回收，徹底進行一次「大清倉」。

第二步─分類吧！別讓吃的、穿的、用的都「混為一談」
在屋主清倉的時候，身為設計師的我，也同步著手平面規畫，將這個長型老屋的格局推翻重整。

首先，就是把佔了1/3空間的車庫移出，換成開放式廚房與餐廳，連同客廳，保留住2/3的公共空間，另外1/3則偏向個人使用的書房、主臥、浴室和兒童房。

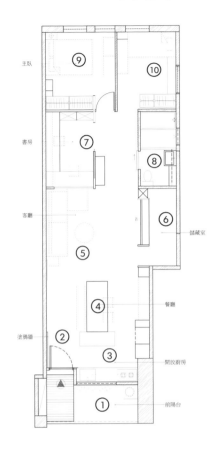

AFTER 平面圖

主臥 ⑨

⑩

書房 ⑦

⑧

客廳

儲藏室

⑤

④ 餐廳

塗鴉牆 ②

③ 開放廚房

① 前陽台

1　前陽台
2　玄關
3　廚房
4　餐廳
5　客廳
6　儲藏室
7　書房
8　浴室
9　主臥
10　兒童房

1　不敷使用的一字型廚房，前移之後變成寬敞的開放式餐廚區，讓一家人能在此坐著吃早餐。
2　原本佔全屋1/3的車庫，變為有鞋櫃、穿鞋椅及男主人吊單槓的外玄關。
3　將客廳、餐廳、廚房整併成一個空間。

如此一來，每個人的使用空間變得又大又彈性，且情感互動更加頻繁，而房間只有休息睡眠，小一點也無妨。在整體規畫中，我安排了一個相當重要的秘密基地─儲藏室，因為房子位於一樓，樓梯下有十分挾長的畸零地帶，我將他們和電視牆結合，創造約2坪的儲物空間，可別小看這2坪，因為有了它，散亂在外的書籍、玩具和雜物都能被「吃」進來，拯救了亂糟糟的一家子。

當我向屋主說明整體的平面規畫時，也告知他們未來哪些東西會放在哪裡，例如：跟「吃喝」有關的食物、飲品，就會放在餐廚區；跟「閱讀」有關的參考書、故事書、閒書，就會放在書房和儲藏室；跟「遊樂」有關的玩具、運動器材，就會放在兒童放和儲藏室；跟「穿著」有關的衣物、配件，就掛放在各自的房間衣櫃和牆面，清楚明確的劃分能讓分類這項分數提高至50分，這樣加起來就有80分了！

第三步—定位吧！給每個東西一個門號地址

因為東西多，孩子還小，歸位這件事並不容易，所以要求不要太嚴格，只要從5分進步到10分就夠了。要多出這5分，前面的分類步驟其實已經幫了很大的忙，至少物品能夠被置放在它們該在的地方，至於要怎樣再達到整齊不亂這步，要做的就是更細的分區收納。

分區收納的概念說穿了很簡單，實踐起來也不難，就是照著物品的屬性幫它們安排好座位表，讓物品通通對「位」入座。

舉例來說，孩子常玩的玩具放在兒童房，不常玩的或到戶外玩的就放在儲藏室。爸爸過於龐大的書量，集中在儲藏室的書櫃。媽媽工作要用的資料文件放在書桌上的吊櫃。小朋友的故事書、套書則放在書房的落地書櫃裡。

此外，孩子塗鴉的畫具放在客廳入門塗鴉牆的收納盒、洗澡時的玩具放在浴室收納籃。洗澡會用到的浴巾、沐浴用品放在浴室外的矮櫃裡。媽媽的化妝品、個人衛生用品則放在浴室的抽屜櫃……所有物品都能近距離的使用、收納，順手就可以歸位，自然不會雜亂了。

原本屋主很擔心只有25坪的房子，就算再怎麼規畫都很難夠用，對於我不做很多櫃子收納物品的方式，也感到半信半疑，但照著捨棄、分類、歸位的步驟，等到實際入住之後，發現空間一點都不會不夠大、不夠用，而且東西也不再散亂一地，整個家變得整齊乾淨，一家四口終於能過著正常的居家生活了！

1 電視牆背後是一樓梯間，推開右側門片即是儲藏室。
2 格局重整後過道變寬，並配置矮櫃收納沐浴所需用品，方便使用也不浪費走道空間。
3 將書房規畫至客廳旁，可讓女主人和兩個兒子共同使用，工作所需的設備也有專放位置。

Point 1
玄關 + 廚房
從牆面、流理臺、中島到電器櫃，善用每寸空間。

1

進門玄關有一大片玻璃牆可供孩子的塗鴉，牆旁利用吊桿和筆筒收納畫筆，畫完就能順手收拾，另一吊桿還可掛上盆栽點綴，美化居家環境。

Before　　　　After

2

擺放的方式也很重要，同樣的物品，經過分類、調整角度及高矮順序之後，空間馬上從擁擠變成可再多放的狀態了。

3

中島內側洗碗機下方空間設計為抽屜，用來擺放保鮮膜、夾鏈袋等；廚具檯面下則利用層板和置物架，收納鍋蓋、鍋子和麵包機、果汁機等用具。

4

將中島靠近玄關的那一側設計為抽屜，上層可擺放鑰匙，方便進出門時身上小物的取用，下層抽屜則仍歸類於廚房，收納料理器具。

5

在中島側邊架上吊桿就可吊掛抹布，方便在廚房料理時擦手或擦桌子。

6

電器高櫃最上層，因取用較不便，因此可做為備用物品的收納處，像是儲存較少用到的酒和調味醬料瓶。電器櫃中層設計了上掀門片，內部可將電鍋收起來。

Point 2
客廳 + 儲藏室
利用電視牆前後，收視聽設備與儲雜物。

1 音響設備統一置放於電視牆下排，管線乾淨收於後方，並於兩側規畫凹槽擺放喇叭，上方還可做為收納櫃使用。

2 長型的儲藏室規畫了整面書櫃，讓男主人放書，書籍依照類型、尺寸分類擺放，整齊又好找；對面層架則以小孩雜物、玩具為主，底端的收納櫃抽屜則將其他雜物分類擺放，好找又不亂。

3 沙發靠牆處使用置於地板的大籐籃收納雜誌，另外，利用重低音喇叭當作沙發旁的小桌几，上面再選用小籐籃收納遙控器。

書房

大人、小孩共用，工作、閱讀全搞定。

2

女主人的工作桌，緊鄰著電腦旁，所有資料文件都收在書桌上方吊櫃，中間層板則以資料盒收納常用的文件。利用書桌轉角處的下方空間，規畫為事務機、網路等線路的集中收納櫃，門片並有散熱設計。

1

利用書櫃與長書桌形成的凹槽，可以置放事務機，讓過大的機器型體可以被遮掩起來。靠牆的整面落地櫃是屬於孩子的書櫃，可和爸媽在書房一起閱讀。透過門片收納，不同顏色的書本都隱藏起來。

Point 4
浴室 + 過道
利用矮櫃、配件，增加收納空間。

2 由上而下，鏡櫃、層板、面盆櫃之外，充份利用 L 形的角落，另外購買風格家具櫃，增加台面與抽屜的收納。

1 浴室外的過道以抽屜矮櫃輔助收納，裡面放置毛巾、浴巾等沐浴用品，就近即可拿取使用，而櫃體下方的挑空，可以放小朋友進出浴間的小拖鞋。

3 浴室濕區在轉角處及淋浴柱旁，善用收納配件擺放沐浴瓶罐、海綿等，不讓雜物堆積在潮濕的地面。另外也設置橫桿，搭配掛筒，擺放孩子洗澡時的玩具。

Point 5
臥室
主臥簡潔、小孩房可童趣實用，又好收。

2 添購現成的抽屜收納櫃擺放玩具，還可依照抽屜籃的顏色分類，簡單明瞭幫助孩子自己收拾玩具。衣櫃按照小朋友的身高將吊桿規畫於下方，雖然是兄弟兩人共用的衣櫃，還是區分為兩區，讓孩子從小養成自我管理的好習慣。

1 終於可以擁有自己房間的男女主人，因為工作和嗜好物件都各別留在書房和儲藏室，臥房裡只需有簡單的一字型衣櫃和床頭邊櫃即可。

3 在牆面和櫃面釘上造型可愛的狗狗掛勾，適當的高度讓孩子能自行吊掛浴巾、外套，實用又不失童趣。

case 2 搶救弟弟、爸爸和貓咪的小書房，迎接做月子的媽媽回家

改衣櫃、規畫貓空間、還有矮牆分隔的書房與遊戲區。

空間類型：兒童房　**坪數**：5坪　**家族成員**：長輩2位、夫妻、兩個小孩
空間配置：電視區、書房區、貓區、遊戲區、衣櫃區
使用建材：系統櫃、五金拉籃、窗簾、IKEA壁面收納配件、MUJI收納箱

BEFORE
―電視櫃＋書櫃區。

空間診斷123

煩

1 **小孩玩具大爆倉**：大至整座的家家酒廚房、小至積木，目前持續增加中。
2 **新衣、好鞋、名牌包擠一間**：主臥放不下的衣服、未拆牌的新衣物，加上收藏的好鞋好包，東一包西一包，有地方就塞。
3 **貓咪專屬用品散各地**：愛貓的起居室和各式用品，不知擺哪的就一袋袋隨意放。
4 **電腦、電視隨地擺**：電視櫃收不了太多東西，電腦設備無處擺。

解

1 **玩具收納分區分盒**：利用掛桿與玩具盒，收小物；利用拉抽式深盒，收量多的同類型物件。
2 **櫃重整**：衣櫃減少過多的層板，拆除用不到的褲架。訂製高牆型電視櫃，側邊直立櫃收藏好鞋。
3 **增加層板、定位貓區**：以落地簾區隔出書桌區與貓區，並於邊側牆做層板，置放貓咪物件。
4 **規畫書桌與電視櫃**：於矮牆後放做一書桌，將電腦就定位，電視牆做系統櫃，整合周邊遊離物件。

媽媽生弟弟坐月子去了，新成員加入，想必家裡又得經過一場大整頓。原來的臥室已不夠使用，需要另一個空間彈性運用，原本想做為日後兒童房的小空間，不知不覺堆滿了衣服、包包、玩具，就連貓咪都住在這裡，連同牠的家當。於是爸爸決定終結兒童房的混亂局面。但這一切，都得趕在媽媽帶弟弟回家之前完成……

雖然是單純的一個房間，但因為原有的收納箱、固定櫃、衣櫃需要保留，以及玩具、書籍、衣鞋，只能部份清理捨棄，因此，這次的收納重點將著重在增設正確好用的複合式櫃子，以及明確分區與置物。

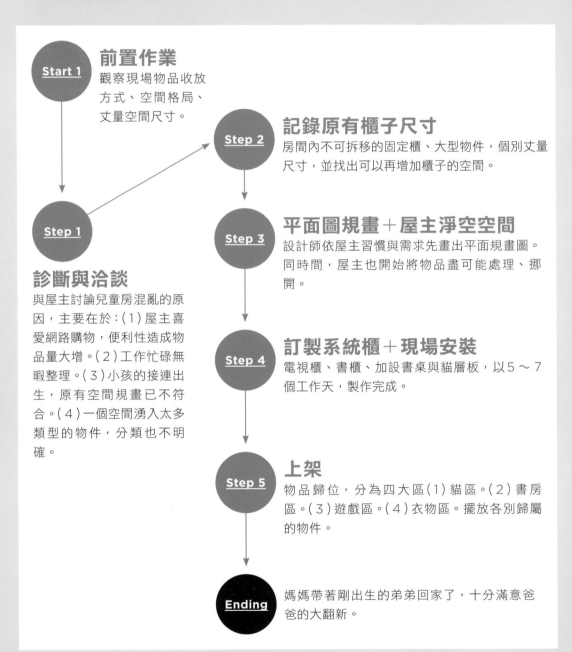

Start 1

前置作業
觀察現場物品收放方式、空間格局、丈量空間尺寸。

Step 2

記錄原有櫃子尺寸
房間內不可拆移的固定櫃、大型物件，個別丈量尺寸，並找出可以再增加櫃子的空間。

Step 1

診斷與洽談
與屋主討論兒童房混亂的原因，主要在於：(1)屋主喜愛網路購物，便利性造成物品量大增。(2)工作忙碌無暇整理。(3)小孩的接連出生，原有空間規畫已不符合。(4)一個空間湧入太多類型的物件，分類也不明確。

Step 3

平面圖規畫＋屋主淨空空間
設計師依屋主習慣與需求先畫出平面規畫圖。同時間，屋主也開始將物品盡可能處理、挪開。

Step 4

訂製系統櫃＋現場安裝
電視櫃、書櫃、加設書桌與貓層板，以5～7個工作天，製作完成。

Step 5

上架
物品歸位，分為四大區(1)貓區。(2)書房區。(3)遊戲區。(4)衣物區。擺放各別歸屬的物件。

Ending

媽媽帶著剛出生的弟弟回家了，十分滿意爸爸的大翻新。

BEFORE 家空間

1 電視區
2 衣櫃區
3 遊戲區
4 貓區、雜物區

<u>電視遊戲區</u>　1 大小玩具，沒有收納輔助只能堆放。
2 大牆面變成各式櫃子的拼盤。

<u>衣櫃區</u>　3 內部以層板為主，造成亂塞的狀況。
4 門後，利用窄空間塞活動抽屜放小物與穿衣鏡。

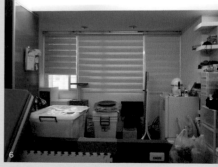

<u>書房＋貓區</u>
5 分類層櫃和貓用品，沒統整，零亂中。
6 有一深櫃，但不知放什麼才好。

遇 見這位年輕爸爸，是在他們家中女主人剛生下第二個Baby，人還在坐月子中心裡休養的時期。爸爸說，媽媽就快要回來了，他想給太太一個驚喜！爸爸口中的這個驚喜，十分務實，他想要做的，就是把家整理好。乍聽之下，似乎是很簡單的一件事，但和很多家庭一樣，孩子一旦出生，就註定是家裡亂成一團的開始。更厲害的是，由於爸爸喜愛網路購物，「各地物資」不定期如雪片般飛來，常可看到未拆牌的新貨，被放在某角落。

這對年輕夫妻是和父母同住，大部份的空間都在老人家的照顧下井然有序，但偏偏就是要預留給小孩的兒童房，卻不知不覺間變成了儲藏室。舉凡主臥放不下的衣服、包包、男主人的數十雙好鞋，再加上大兒子的各式玩具就連愛貓都住在這裡⋯⋯更有趣的是，天花板還安裝了男主人的拳擊沙包吊勾，只不過，現在都拿來掛大衣了。

第一步—評估可增加收納的空間，改櫃、加櫃

第二個孩子出生，讓這位年輕爸爸意識到，自己真的需要一個在家工作的地方，同時也可以兼顧到一旁遊戲的孩子。為了幫這位爸爸圓夢，我們設定了兩週的時間進行改造。第一件事就是讓他知道，未來的新空間將會分成4～5大區，日後每個物件，都得擺放在他們所屬位置。

彼此達到共識後，便開始評估各角落的改善方式，確認擺放電視的那一大片牆，會是這次改裝的大功臣。從入口處一直到樑下方，採用電視櫃與書櫃結合一字型系統櫃，原本就有的衣櫃，則改動內部配置，依原有的衣物型態，找出適合的收納輔助工具，也同步將不屬於衣物的都趕出衣櫃。

AFTER 平面圖

IKEA層板

書房

③

④

②

⑤

兒童遊戲區

①

⑥

1 電視櫃區
2 書櫃區
3 貓區
4 書桌區
5 遊戲區
6 衣櫃區

5

1 善用系統櫃，將同一牆面統整成一組櫃體，
視聽櫃與書櫃串連。

2 原有的矮牆做分隔線，前面做為孩子的塗鴉
牆與掛物架，後方做為書桌區的隔板。

3 貓咪區的牆上架起了層板，放貓咪的零食和
用品，也和書桌區間拉起了落地簾，做足了
空間區隔。

4 IKEA的玩具分類櫃移至此，和大型玩具並
列，結合地墊和矮牆，玩完就放回，形成一
個收納完整的遊戲區。

5 原有的衣櫃內部分隔重新調整，更好用上
手。

第二步—分區，分物，各得其所

由於原有的空間存在著一面木作矮牆，區隔了窗台區和電視區，利用這個優勢，恰好可
以將房間的活動機能一分為二。電視前方的大空地，再透過矮牆裝設小物集中盒，成為
孩子的遊戲收納區。至於矮牆另一方，則增加一張書桌、抽屜櫃，結合旁邊的固定式玻
璃置物櫃，重新找回堆在牆角的電腦，也讓爸爸可以不受干擾的擁有獨立的工作區域。
並同步「君臨天下」的看著孩子，此外，還設置了雙側拉簾，隔出了貓屋區，讓貓咪們
也有自己的私空間。

翻新後的兒童房（同時也是書房），彌補了主臥空間的不敷使用，小孩的玩具也不會帶到
客廳作亂。故事的最後，當然就是爸爸把媽媽、弟弟接回來時，很開心地展示這份用心
的厚禮，以及可以預見的，這對年輕夫妻很舒適的養著孩子，過著好日子。

Point 1
電視＋書櫃區
一個牆櫃，複合收納，從視聽設備、書到鞋都能對位。

1 將電視櫃旁的直立櫃，挪來做為收藏鞋子的鞋區，上方以鞋盒收納，下方則整齊排列。一打開櫃子一清二楚。電視櫃的側邊，則裝設掛勾，可以掛放帽子。

2 電視櫃，下櫃以視聽物件為主，如DVD等，上櫃則是將原先衣櫃裡塞放的小電器、相機等用品收集在此，逐一陳列好用好找。

3 開放式書櫃，層板可以移動，從大書到小字典都可以分區收（整頓之後，竟然還有空間。）。上方放爸爸的書，下方則擺童書，方便孩子拿取。若有細碎小物，還可以用分類盒裝入，整齊排列在書架上。

貓區 + 書桌區

書桌後方一簾雙空間，牆面層板 + 抽屜櫃足量收納。

1 窗邊的長型空間，原本的窄牆架上層板，可以放貓咪專屬物品，同時也可以做為貓跳板的遊戲區，此外，透過矮櫃，還可以增加收納。

2 原本就存在的玻璃面層架，因為較深不適合做為書架使用，拿來存放媽媽包、背帶等 baby 的用品，也透過收納盒，將較零散的濕紙巾、面紙清楚排列，要用就有。

3 利用系統櫃板材（60×160cm），結合 IKEA 的抽屜，於底層用 L 型五金固定鎖住，結合出新的書桌，也添加了文件的收放處。

71

衣櫃、門後區
外觀不變，內部大翻盤的櫃內重整術。

3

將空間裡散置於各處的薄型抽屜都集中在門後區，擺放小盒的醫藥衛生用品，並在落地鏡上安裝掛架，可以吊掛腰帶，也可以將外出穿過的大衣掛在此處。

上櫃　下櫃 After　　　下櫃 Before

右側衣櫃，將上方的1～2個層板撤掉，留下吊桿，讓小孩的外套也有地方可擺。但下方仍保留層架，方便男屋主分層折疊各式牛仔褲。最下方的空間，將原有不好用的褲架拆除，改成拉籃，不用再堆放攝影器材。

1

結合一般掛桿與掛盒（購自Ikea）固定在矮牆上，96cm長的掛桿可放5個掛盒，50cm掛桿可放2個掛盒，做為體積較小的玩具收放處。

2

將貓咪原本在使用的梯形收納櫃移到遊戲區，其深度可以針對較大體積的玩具做收納。牆面上也可以安裝掛勾，依需求置物。

A 凹牆內嵌衣帽鞋櫃

E 兒童房＝起居室

case
3 「孟母七遷」後的15坪住家，
有小小孩一樣又住又收很足夠

捨客廳多一房、重點設櫃，小家住起來輕簡省力

住宅類型：大樓　**坪數**：15坪　**家族成員**：夫妻、三歲幼兒
空間配置：玄關、餐廳、廚房、更衣室、主臥、小孩房、衛浴
使用建材：德國超耐磨地板、系統櫃、文化石、壁紙、訂製鐵件

D 1坪廚房容量大

B 捨棄客廳

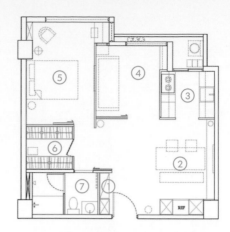

1 玄關
2 餐廳
3 廚房
4 兒童房
5 主臥
6 更衣室
7 浴室

家收納，分區做 ──

A 牆壁重整。窄鞋櫃vs.活動衣帽櫃結合，進門收鞋，還可收外套、手提包。

B 餐廳獨大。餐桌成為公共區活動重心，接手客廳交誼角色。

C 廚房延伸。冰箱、零食櫃、宴客餐具，收入主牆櫃中。

D 雙排廚房。充足的層架、吊掛與多功能抽屜，依工作類型做物的分區。

E 親子互動。開放式起居室也是兒童房，讓孩子有自己的收納區。

F 衣物專區。房間無大型衣櫃，將全家的衣物、飾品集中在同一空間。

F 更衣室外移

C 隱藏式零食櫃

1

2

餐廳
Dining

1　緊臨著左側1.5坪廚房，懸空的矮吊櫃方便掃地機清理，大門旁落地大櫃
收納量十足。

2　從廚房走進餐廳，運用窄牆區格，但系統櫃概念從裡延伸到餐廳，一體成
形。

3　210×180cm的廚房直通陽台，利用兩側做出雙一字型的櫃體，約莫兩坪
的空間，足以收藏烹調所需的鍋具、餐具。

這 是我們15坪的家。

是換了四次房子之後，覺得最適合我與家人的空間。雖然只有15坪的房子，卻足以讓兩大一小寬敞使用，至於當初為什麼會選擇小坪數的房子呢？其實是想對自己所提出的收納概念，做一個應證的實驗，看看在follow收納設計的原則下，從30～40坪換成15坪的小空間，是不是也能過得自在，甚至更好？

小房子的好，從童年香港的回憶開始

有這樣實驗的念頭冒出來，起因始於回香港探親。香港房子很小是眾所皆知的事，我的二伯父一個人住在不到10坪的小房子裡，他的物品不多、安排得井然有序，住起來一點都不覺得狹小，甚至有種小而美的溫馨感，這也令人回想起小時候，一家四口和外婆一起住在16坪不到的兩房空間，每當大夥在餐桌上吃完飯，就會繼續坐著聊天、寫功課，全家人的凝聚力因為房子小而濃得化不開，相較於現在很多人在家各自待在房間，整天也見不上一面的疏離感，不禁重新想起小空間的好。

廚房
Kitchen

3

3

回來台灣之後，開始計畫找房子搬家，不追求大空間，改以能讓生活過得有品質的小空間為取向，最後從原本40多坪、一般正常格局，外加工作室的房子，搬遷到15坪，原本只有一房一廳的社區大樓。

房子變小了，只能留下需要的物件

雖然房子不大，但我們還是希望能將原有的一房格局擴充成兩房，這麼一來，除了得調整空間配置，也只能留下真正需要的物件，並趁搬家時整理一番。特別是再將工作和生活需求想過一遍後，更為清楚。像是我自己的鞋子只要12雙以內，就足以因應各種場合，所以，在新家的設計上，不佔空間的窄高型落地鞋櫃恰好適合；而一家三口的衣物，在重新確認分類後所留下來的，竟然也可以用180cm×180cm的小更衣室，連同行李箱和夏冬替換的被子完全收納。

兒童房
Child's room

1 半開放的起居室（兒童房）和大門互相對望，造就出家的深度、寬度與層次。

2 為了讓主臥更開闊而捨棄大衣櫃，但仍規畫出小小畸零空間，置放機能強、佔地小的斗櫃、層架，以及小書桌。

這一次，我透過一連串「其實這些東西就夠了」的方式來自我檢視，學習捨棄的課題，慢慢發現很多物品的需求量，其實是算得出來的。因為自己就是設計師，計算物件數量的同時，空間的樣子也同步成形，也讓最初期望能再多出一個房間的願望，可以輕易實現。

把客廳丟掉，空間也可以被捨棄
若要真的說起這個家的收納第一步，就是「丟掉客廳」。

搬進這個家之前，我認真的把自己的生活模式想過一遍：好比說，我家先生因為之前是從事科技業，無塵室的習慣讓他一進門就將外衣全部脫掉，不讓髒汙進家裡，或是孩子每天都要出去運動，球拍、玩具之類的物件也希望在門口拿了就走，所以，即便小房子沒有玄關區，我想辦法跟浴室牆偷了一些深度，規畫出玄關鞋櫃和衣帽櫃，便於出門、進門拿取相關用品。

因此，會決定丟掉客廳，也是深思過的。我們有一群好朋友，他們最常約到我家來（據說是因為我家最整齊），吃吃喝喝有說有笑的度過，就連和兒子、先生的互動，也都是在桌前享用簡單平實的家常料理，或是和孩子一起畫畫、下棋。幾乎可以說，所有的情感交流都不在客廳，餐廳與廚房，才是我家的靈魂空間。

光是一張餐桌，可以做的事太多太多，我試著拋開一般家庭習以為常的空間結構，只留「我們這一家」所需要的。既然，我們最常待在餐廳，根本可以毫不客氣的，把最少使用的客廳功能給刪除，讓家更簡潔寬敞，而這觀念，也正是我在面對收納時一直提到的第一步「捨棄」！

廚房和餐廳，收納界的裡應外合

整個家裡，廚房和餐廳可以說是火力最強大的「彈藥庫」。餐廳主外、廚房主內，這兩個空間看似獨立，但其實在設計規畫時我是將它們看成一體的。

從廚房櫃體、流理台開始，向外來到了餐廳空間時則成為懸吊式邊櫃，再轉個L型延伸出大型的壁櫃，我在裡頭暗藏了冰箱與收納零食、養生用品的大層架，完全隱起了雜亂不統整的設備和物件。統一白色調、一樣的櫃體線調，其實都是用系統櫃的概念一氣呵成，圍繞出一個食的空間。

至於主臥，對我們說只是睡眠和休息的空間，但為了讓兒子偶爾看看半小時卡通，我們還是在牆體上裝了電視，並不做長期視聽之用。也因為化整為零而不做衣櫃，房外另置更衣室，但仍在主臥的牆體規畫上做出兩個對稱的內凹空間，一邊擺置抽屜五斗櫃，一邊規畫了簡單的小書桌，用來收放零星物件，或是在房內使用電腦處理事務。

浴室
Bathroom

坪數小的主臥將更衣室外移，介於浴室和臥室中介處。浴室內面盆結合雙層抽屜的浴櫃，爭取空間，讓迷你的浴室一樣可以乾溼分離。

而和餐廳可以彼此對望的，還有透明大拉門內的起居室，這間因為客廳被捨棄，以及主臥衣櫃外移而釋放出來的空間，也可說是兒童房。我之所以採用複合式規畫，是因為三歲的兒子正值愛黏著爸媽的年紀，並不喜歡在房間玩耍，回想以前的兒童房根本只有睡覺才會用到，因此省略了兒童房，以開放式的起居室保有兒童房的機能，又擴大了孩子遊戲的空間，透過起居室的玻璃拉門，隨時都能看到餐廳的爸媽。

小房子收得好，家事會變少

搬到新家後，孩子適應得很不錯，我曾問兒子：「這裡好還是以前的家好？」他開心地說：「超喜歡現在的家！」。

而對大人來說，搬到小房子另一個優點就是打掃時間變短了！因為物品都有明確的置物點，使用完就可順手放回去，不用翻箱倒櫃找東西，也不再需要特別花時間歸位、整理，就連瓶罐、雜貨最多的廚房，在準確規畫下，所有物品都收的剛剛好；在使用同樣地板材質的基礎下，以前每週要花錢請人打掃，現在自己用抹布拖地，只要換三次水、不用10分鐘就清潔完畢，打掃時間只剩下過去的1/3不到，相對另一半要分擔的家事也變少了，老公樂得開心，直說住小房子比大房子好多了！

先前，我也曾預想可能會出現的不適應狀況，像是空間太擠、住起來不舒服、櫃子不夠多、雜物沒地方收等，不但全都沒發生，一家人過得更開心。同時，在房價飆漲的台北，透過理性的收納方式、適量的櫃體，讓我得以購買小坪數的房子，不但房貸負擔較小，受房價干擾的波動少了，生活也更加輕鬆自在。

設計師（屋主）收納心得大公開

1. **捨棄**：落實的計算自己的人生數量，需要幾雙鞋？四季衣物怎樣搭配才不會過度的重覆！透過約略的數字，一開始就進行納入量的節制，之後再每半年、一年，透過換季時決定哪些物品不再需要，進行淘汰與轉贈。

2. **分類**：依照不同物件的常用、備用狀況，以及所屬的區域做分類，備用可放較不易取得。

3. **定位**：進行大分類後，開始替每一個物品確認最易取放的「固定的家」。因為順手好取用，在回歸時自然也會毫不考慮的放回去。這樣的好處不只雜物不再漫延，同時，每樣物品是否用完了、壞了該汰換了？都能清楚掌握。

4. **有進有出**：保持「有進有出」的購物概念，不衝動消費才能讓居家收納的空間維持平衡，不會出現東西越堆越多、櫃子不夠放的狀況。

5. **每一次搬家都是最好的練習**：藉由搬家的過程練習與物品捨離，明確精準地計算，只留下需要的。

Point 1
玄關
除了鞋櫃，別忘了還要衣帽櫃。

②

90×60cm的衣櫃是很容易尋得的
活動家具，只要在裝修時預留好置
放空間。對開門結合抽屜的衣櫃，
就成為現成的衣帽櫃，放包包與外
套都十分適合，抽屜還可以拿來放
室內拖鞋，下方夾縫處還可以擺外
出夾腳拖。

Point 2
餐廳
支援小廚房，把零食和冰箱都收進櫃子裡。

1

餐桌主牆規畫懸吊式長櫃，便於使用掃地機清理，邊櫃除了放置音響，檯面上可擺放鮮花、藝術品美化空間，下櫃打開門片則收納了各式花器、蠟燭，隨時更換都很順手。

2

利用系統櫃和機能強大的機能五金，讓櫃門內側可以擺放常溫飲品，裡頭則以拉籃方式收羅家中零零落落的食品和點心。

3

餐桌旁的牆櫃集餐櫃、乾貨櫃、嵌入式冰箱於一身，所有與「吃」有關的物品、食材，都在此區集中管理，也便於取用。

廚房
流理台下，抽屜拉軌式收納才是王道。

1

比起層架，流理台下方建議使用分層的抽屜式收納，如瓦斯爐下方的筷、匙，湯碗、餐磁器，五金鍋具。薄型拉軌式則放調味品和油、鹽等。還可以在烤箱下方規畫超淺抽屜，就可以放烤盤紙、隔熱手套等烘焙小物件。

2

除了餐具，日日都要食用的乾貨也可以透過抽屜在廚房進行「店舖感」的收納。60×60cm的抽屜，剛好可以拿市售的高筒密封盒以3×5的排列完美填滿。哪一盒缺貨了，馬上知道。

3

流理台上的吊櫃，依置物類型不同，在層架與門片的材質各異，需要隨時使用的杯盤以玻璃材為主。保溫瓶櫃則以隱藏門片為主，內部則依照高低排序，方便取用。

Point 4
起居室（兒童房）
把床拉出來，就是兒童房。

1

起居室沙發旁的角落擺放現成抽屜櫃，方便歸檔孩子的畫作、畫畫用具等。抽屜取手採挖空設計，沒有突起物，也不會讓小孩夾到手。

2

身兼遊戲區的起居室，運用窗旁內凹牆面設計玩具櫃，上層可做為展示櫃及書櫃、下層為收納玩具的活動格抽，讓孩子從小養成收拾的習慣。

3

為了讓起居室保有寬闊的活動空間，特別選用可拖拉的子母床，等於將床鋪收納於沙發內，到了晚上就成為兒童房。

更衣室

將全家的衣物、
配件都集中在一起。

1 位於空間底端的共用更衣室，左側以吊桿收納衣物，讓不適合折疊的衣物可以陳列清楚，角落處除了使用薄形櫃加強小物收納，也在櫃體角落自黏掛鉤，放置項鍊等飾物。

2 更衣室右側下方，則大量規畫抽屜，裡頭主要擺放小孩常穿的棉質衣物，男女主人的家居服、休閒服，同時也運用淺櫃分格擺放領帶。

主臥

凹牆設計，斗櫃和小書桌區負責輕量收納。

 主臥空間狹小，利用樑柱下的壁面內凹處設計了書櫃及小斗櫃，隱藏式的手法兼顧收納、實用與美感。

2 同樣的凹牆設計，擺放了小書桌區，搭配小抽屜和薄型櫃，方便上網打電腦簡單使用。

Point 7
浴室
浴櫃、凹牆收納、鏡台梳妝好幫手。

1

面盆結合雙層抽屜的浴櫃，騰出空間讓小浴室也能規畫乾濕分離。下方大抽屜的浴櫃可收納沐浴瓶罐、吹風機等。

2

側牆內凹處則擺放常用的保養品，隨手放也不怕不整齊被看到。鏡牆下方的小台子，則可以輔助梳洗時物件暫放。

3

將補充包概念用於各式生活用品中，用固定式的沐浴瓶和洗髮精瓶架，取代雜亂隨意置放的瓶瓶罐罐。

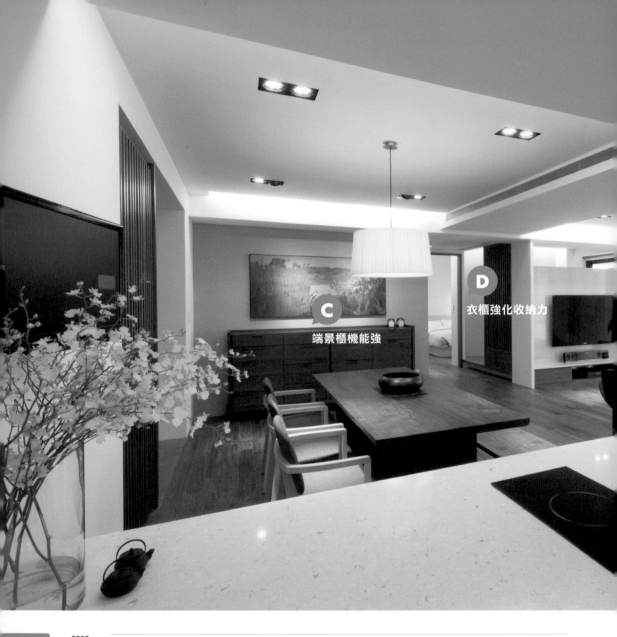

端景櫃機能強 **C**

D 衣櫃強化收納力

case

4 女兒以鞋量奪魁，媽媽用碗盤量勝出！解決女人的收納不足

抓到讓家爆量的關鍵「七吋」，
重點藏櫃，不必處處見櫃

住宅類型：大樓　**坪數**：50坪　**家族成員**：夫妻、兩個女兒、一個兒子
空間配置：玄關、客廳、餐廳、廚房、和室、主臥、更衣室、主浴、女兒房x2、客浴
使用建材：低甲醛海島型木地板、系統櫃、壁紙、木皮、進口石材。

平面配置

1　玄關區
2　餐廳區
3　客廳區
4　廚房區
5　客浴區
6　女兒房
7　和室
8　女兒房
9　主臥
10　更衣室
11　主臥浴室

家收納，分區做 ——

A **衣帽鞋區**。入門玄關右側，以矮櫃層板收納家中女鞋，另外在進入客餐廳處安排衣帽櫃，上放可置包與衣，下方高度夠則放男鞋。

B **隱藏儲藏室**。門片與牆同材質，玄關更俐落，半坪空間架上活動層架，收電器、行李箱，以及換季的長靴，等家中大小物件。

C **客餐廳主櫃**。位於玄關入屋後，通往不同空間的過道上安排寬矮櫃，取物方便，大量抽屜櫃可放家中各式各樣細碎物件。

D **臥室衣櫃＋雜物櫃**。主臥在更衣室安排大面積衣櫃，女兒房則除了整面牆的衣櫃，皆另外安排大量層格、抽屜輔助櫃收私人工作物件。

E **吧台輕食區**。款待客人的沖茶、煮咖啡料理區，以杯盤餐具收納為主。

F **廚房烹調區**。大小型廚房家電、鍋具、零食櫃皆在此區。

A 衣帽櫃＋鞋櫃

B 隱藏儲藏室

F 內廚房雜收區

E 外廚房收碗盤

玄關＋餐廳
Entrance&Dining

1 餐廳與廚房間設計了中島吧台，讓餐廚區有所連結也更有
互動性。此外，藉由橫樑區分客、餐廳，並把吊隱式空調
設備與管線藏於裡面，達到收納與美觀的效果。
2 用格柵區分玄關與餐廳，餐桌後方以餐櫃和畫作為視覺焦
點，餐櫃同時也能收納居家雜物。

起初，要從百坪透天厝搬到縮減成一半大的新家，最先來找我的是負責家裡大小事的
媽媽。當時，她和其他家人都充滿了不安，主要是因為，這裡頭，除了男主人力行
「減法生活」，兒子長年在國外，然而，家中還有兩個女兒，卻都各自擁有數量頗豐的生
活物件。

收納不是見櫃就塞，配合習性才好收

總的來說，兩個女兒的鞋量不可小覷（其實媽媽也頗有實力，三個女人就有多達上百雙
鞋。），再加上媽媽的廚房世界裡，還有一堆鍋碗瓢盆，無論是在數量上還是情感面上都
累積起一家人數十年的美味記憶，再怎樣割捨，還是有不少東西被媽媽當作好幫手的必
備款。此外，已經成年的女兒，一位從事美容相關行業，另一位則從事教學工作，自己
的臥室，還得讓相關的工作物件一起入住。因為這次搬家，每個人心中不約而同的冒出
「東西不夠放怎麼辦」的恐慌！

這一家人的裝修主題，很明顯的就是直指收納規畫！收納空間夠不夠，絕對是不能被「減掉」的重點！三個女人加起來的爆多物品，到底要怎麼收才最好？

跟大多數不了解收納意義的人一樣，媽媽一開始提出了「櫃子越多越好，還要做到頂」的要求，認為只要有櫃子，所有東西就可以塞進去眼不見為淨了，但是卻忽略了收納設計如果無法配合日常作息，養成順手就收的習慣，櫃子再多還是一樣亂糟糟。因此，我在接手這個空間的第一步，就是先了解家中成員的個人習性。

玄關守得住，客廳才清爽

因應家中三位女性浮現的共同問題：鞋的收納！在空間的規畫上，獨立式玄關成為首要且必要的存在。在初期安排中，就從整個家的坪數讓出約莫1.5～2坪左右，畫分出三個角落，以分區、分男女、分季來收放鞋子。

入門處的矮鞋櫃，三門式層架上，以女鞋尺寸規畫，視覺上整齊舒適；另一區則壁面內嵌結合鞋子與外套包包的直立櫃，下方拉抽式鞋區以男鞋、客人鞋子為主。轉角則是小型儲藏室，將家中難以歸類歸位，或暫不用的季節物品都存放在此。

3 L型中島吧台以抽屜櫃為主，短側則有上吊櫃擺放餐具，讓生活用品也成為裝飾。
4 由於廚房跨距夠，內廚房採用雙排型廚櫃，一邊做為烹調洗滌區，另一邊則是冰箱與電器櫃、儲物櫃區。
5 客廳不以收納為訴求，保有公共區域的寬敞明朗。
6 電視牆後方為多功能和室，可做為佛堂，亦可當作客房或起居室使用

廚房
Kitchen

客廳
Living room

解決家中心頭大患後，剩下的收納任務就輕鬆多了！客廳電視櫃主要放置視聽設備，挑選多功能合一的款式，可少佔空間及避免管線亂竄；沙發旁利用牆凹處設計了替代笨重茶几的邊几櫃，不但儲物量增多，客廳空間也變大了，更讓屋主的收藏品有展示及收納的地方，並製造吸引目光的視覺焦點，是一舉數得的收納法。

媽媽廚房，就是要白白淨淨

居家空間中另一個易陷於雜亂的區域就是餐廚區。

為了區隔餐廳與廚房，且將輕食和料理用途分開，兩區之間規畫了L型的中島吧台，吧台下方嵌入紅酒櫃，再運用抽屜儲藏餐具、乾糧等，短側處則是小家電區，平時可將咖啡機、果汁機收於下方櫥櫃中，需要使用時再拿出來，用畢即可在旁邊的水槽區清洗再收入下櫃，一氣呵成完成所有動作，就能降低物不歸位的機率。

很會折或很愛掛，依主人習慣規畫衣櫃小天地

再來是臥室空間，在衣物方面，媽媽習慣將衣服摺疊收放，女兒們的衣服則以吊掛居多，在衣櫃內部的設計上自然有所不同。主臥衣櫃除了基本的吊桿，還運用了拉籃、抽板等五金，擺放摺好的衣服和送洗拿回來的衣物；女兒房的衣櫃則以上下雙吊桿為主，當設計符合生活習慣、定位明確時，自然就會將物品照分類歸位了。

除此之外，家中的三位女性在私密空間還另有不同需求。

除了原有的大衣櫃，主臥後方則以過道概念更一進步規畫結合梳化妝、更衣室的長形空間。通道口的香水櫃，因應媽媽喜愛香水，於是設置了瓶罐的擺設展示區。更衣室內增設一牆大衣櫃，與衛浴入口的毛巾櫃、收納量大的化妝桌分設兩側，將更衣、梳化妝與盥洗的動線、物件拿取結合起來。

兩個女兒的房間，則又各有不同，從事美容業的女兒，房間收納除了衣櫃，因空間夠大，則在另一片牆體設計了大片的格層櫃，存放個人時尚用品與工作物件。從事教學的女兒，則有較多的課程書籍，透過床下抽屜、床頭邊櫃、以及大片窗台的工作桌與拉抽，無所不用其極的設計出教材的收放處。

透過這次的溝通，了解日常生活動線再規畫空間設計，讓一切居家生活物品有了清楚的分類定位系統後，以前沒有生活收納習慣的人，也漸漸理解到自己的物件可以如何存放收藏，搬進新家的同時，也自然「習慣」了收納這件事。

臥室
Bedroom

1 由於後方另有更衣室，主臥室以簡單的一字型衣櫃為主。

2 主臥更衣室連結主臥浴室，創造出不同功能的收納櫃。

3 從事美容業的女兒，收納配置除了衣櫃，也利用入門進來的大牆，另外規畫層櫃。窗戶是採光的來源，卻會產生陽光刺眼的問題，利用活動床頭背板遮蓋，隨需求開闔的同時，窗戶也被收的好好的。

4 從事教學的女兒，除了單面大衣櫃，床下抽屜到床邊矮櫃、甚至是長桌下方都安排了收納。

設計師收納撇步大公開

Q1 感覺每個空間都該有櫃，但裝修時如何區分比重的多與少？

A1 最快的方式，就是像屋主一家人那樣，直接找出「家中物最多」的前三名物件。好比說是鞋、廚房用品、衣服。以鞋為例，在一開始規畫時，不管使用單一鞋櫃，或是還得另外分區存放，只有概算出家中鞋量後，才能精準的知道玄關鞋櫃怎樣做才夠放。

Q2 臥室的收納，只做一個衣櫃就行了嗎？

A2 如果家中屬於小家庭，部份的私人物件是可以挪移到書房等公共空間，。但若是與父母同住，與自己相關的收藏、工作文件免不了就得留在房中。若是可以將衣櫃內部配置略為調整成抽屜櫃，便可以稍稍輔助非衣物的放置，或者透過選擇可收納的床架，或是矮櫃搭配，檢視自己的物件，層架好？抽屜好？那種形態最適合，不是只要有櫃就行。

Q3 除了把東西收好，還有沒有其他技巧可以讓空間更乾淨？

A3 把空間也收起來。像是次要空間，如客浴、儲藏室，這些地方可以運用牆門一體的設計，直接隱藏起來，讓家的牆體可以更簡潔，感覺好像沒東西可收，但其實已經收了一大堆了。

Point 1
玄關＋餐廳
從進門就開始收，看似無櫃，其實櫃很夠！

玄關分成三區塊：規畫日常鞋櫃、衣帽間及衣帽櫃，進家門就能放好所有東西。矮櫃分為對開門與單側門，內部以層板為主，側邊的單門櫃，則可放較高筒的鞋子，或是其他物件，依需求調整高度，屬於彈性變化區。

2
玄關的衣帽櫃緊鄰隱藏式儲藏室，衣帽櫃上方設置掛衣桿，深約60cm，因深度關係，下方鞋櫃採拉抽滑軌層板，主要以男鞋為主，每層可放兩排，增加收納量。

3
餐櫃主要以抽屜為主，最上層為淺抽，下方為深抽，最兩側則為層板。一個櫃子不同的收物形態，分層分類更上手。

Point 2

廚房

外吧台、內廚房。

L 型開放式吧台區，分為濕區與乾區，清洗區上方陳列杯子，中島區則擁有一字型廚房的下櫃式收納量，讓廚房碗盤鍋組皆有足夠的位置可歸放。

2

雙排型廚房以抽屜和拉籃為主，爐具下第一層淺抽附有可調式分隔板，能放置各種餐具，第二層深抽則擺放大件鍋具，方便料理時拿取。另外，利用冰箱旁的窄空間，做拉軌式薄櫃放乾貨。

主臥 + 更衣室

臥室除了原有衣櫃，還有更衣室，衣物納量加大再加大。

1

臥室大衣櫃，依照女主人的習慣和衣物類型，九成皆使用吊掛
內部配置，搭配拉籃、抽盤為設計，以及現成收納抽屜擺放襪
子。收納的概念也用於拉門的取手，皆以內嵌隱藏式為主。

2

臥更衣室在樑下嵌入櫃體，透明中段可展示女主人的香水瓶，上下門片內可儲物。門片開啟使用按壓式設計，讓玻璃門開合更輕快。

3

現成傢具亦是居家收納的好幫手，古樸的中藥櫃不但為居家風格增添氣氛，更能收納超多小東西。

4

臥室後方另增設更衣室、化妝桌，更衣室也另設衣櫃，吊桿式空間，下櫃不只可以放衣物，也可以做為其他大型物件的收放處。

5

化妝桌使用窄拉櫃，不佔空間之外，由上而下可以清楚分層，依瓶罐高矮置放，好拿又不易傾倒。在更衣室通往主臥浴室的交界區，增設毛巾、浴巾櫃，梳妝桌旁抽屜櫃用來擺放沐浴換洗衣物，上方透氣百葉門片可先暫放穿過未洗的衣服。

Point 4
主臥浴室

連結更衣室，直立櫃＋面盆櫃創造最大收物量。

❶ 面盆櫃區在鏡面下，規畫層板，可放漱口杯、牙刷等物件，面盆櫃結合層板與抽屜，抽屜區可以擺放化妝台之外的身體保養品、吹風機等物件。

❷ 結合面盆櫃的高櫃，分上層櫃、下抽屜，可做為沐浴用品、衛生用品等備品置放區，中間為無門片格層，可放待用浴巾、毛巾等物。

女兒房

私人世界，收羅衣物之外也收工作物件。

1

因為需要吊掛的衣物多，女兒房衣櫃的雙開櫃以上下雙吊桿為主。大衣櫃除了對開櫃，另外還有單門櫃，下方抽屜可放置折的衣物和包包。最上方為上掀式儲物櫃。

2

文具用品，可收納於工作桌抽屜，一體成形的書桌下櫃預留插座，可擺放印表機等設備。

3

床頭櫃分為兩層增加物置空間，下拉門能遮掩凌亂感，床下大抽屜則方便收納工作需要的教學道具。

C 衛浴也被收納

餐櫃分層藏物

B

A 鞋櫃藏餐櫃

D 電視櫃與廚房共用

case **5**

小宅很會收，16坪也能勝25坪

鞋櫃藏入餐櫃、家具幫忙收納，
打造收物件也收服人心的家

住宅類型：大樓　　**坪數**：16坪　　**家族成員**：夫妻、1小孩
空間配置：玄關、餐廳、廚房、主臥、兒童房、衛浴
使用建材：德國超耐磨地板、系統板材、大理石、實木貼皮、訂製鐵件

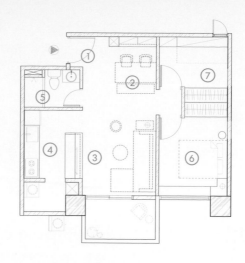

1	玄關
2	餐廳
3	客廳
4	廚房
5	衛浴
6	主臥
7	兒童房

家收納，分區做 ──

A 拉抽鞋櫃。鞋櫃、餐櫃共用，進門處規畫一個雙面櫃，借用餐櫃下方，側規畫拉抽式鞋櫃。

B 輔助餐櫃。以餐櫃為餐廳區定位，結合隱藏式吊櫃、開放台面、抽屜，收藏較少使用的餐具。

C 暗門衛浴。不只物件，可收納的也包含空間，緊鄰餐區的衛浴，考量用餐感受，透過暗門讓牆門一體，收於無形。

D 雙向櫃體。將廚房與客廳的隔間打成矮牆，改用雙向櫃，以電視櫃、抽屜櫃、吊架區隔空間，雙向使用。

E 多功童區。兒童房側掀床可輕鬆收入櫃中，讓出寬闊的場地，成為遊戲空間。

F 開放廚區。一字型廚房若空間許可，還可搭配另外採購的活動餐具櫃，自行規畫成類雙 I 式的廚房空間。

E 側掀床兒童房

F 一字型廚房雙排功能

這是一間設計給小家庭居住的樣品屋，也是將我的收納概念，從平面圖完整展現在實體空間的收納研究室。

比起幫屋主設計規畫房子，必須考量他們的喜好、預算、需求等因素，樣品屋因為只鎖定族群但沒有特定的居住者，所以可以把所有想做的收納設計通通納入這僅有16坪的空間，呈現自己心目中最實用、最完美的收納設計。

小宅好日子，會收的家很重要

這次的設定，是以現今家庭組合中，最常見的年輕夫妻與一個小孩為標的，透過有限的空間，讓日後購買入住的屋主，可以具體看見在未來生活中，每個角落的實用機能，與井然有序的人生，而不只是美美的造型牆，或是眩目的華麗感。

在小宅時代來臨的現在，一家三口需要的不是大而無用的豪宅，而是能滿足生活所需的好宅，小宅不只是價格讓人能輕鬆入手，內部的收納更是輕鬆生活的關鍵，如何做到小而夠用，不產生「房子太小、東西不夠放」的抱怨，這間樣品屋就能提供解答。

因此對於一般人而言，多半只能負擔得起小坪數的房子，而小空間最重要的就是機能和收納，要便利使用、要夠收不亂、要住的舒服、要感覺寬敞，藉由設計滿足這些「要」，一間16坪的小房子，也能變成輕豪宅。

複合式櫃體收納，以「小坪數」換「大空間」

這間小宅屬於兩房兩廳的標準格局，礙於空間有限，並無規畫獨立玄關，但鞋子和鞋櫃又不能擺放在大門外的公共空間，因此在進門處利用走道和櫃體，製造出與室內空間有所區分的緩衝區。

可別小看這個小地方空空的，以為放不了幾雙鞋，從櫃子下方拉出的鞋櫃兼穿鞋椅，像變魔術一樣至少能放18雙鞋，上方的層板側櫃還能再放22雙以上，一共40雙鞋的空間，對鞋量正常的三個人來說是綽綽有餘了！

1 客餐廳採開放設計，客廳沙發下方可收納雜物，餐廳則與鞋櫃共用的餐櫃儲物，落實分區收納的概念。
2 客廳的訂製沙發掀開可做為收納箱，沙發旁的喇叭也可充當臨時小桌子，家具和設備都是收納幫手。
3 客廳與廚房以矮牆區隔，一面是電視牆兼展示櫃，另一面則是延伸廚具收納功能的矮櫃，上方吊架亦可供兩空間使用。
4 餐廳收納就靠後方的餐櫃，門片櫃、層板、抽屜集合了所有物品的收納需求，中段還設計了平台，方便擺放常用的小家電。

客廳＋餐廳
Living+Dining

既然坪數不大，就要想辦法把空間做大，要做大空間就得保持眼不見為淨，要眼不見為淨就一定要盡量隱藏雜物，讓設計、家具都變成收納工具！從進門玄關櫃和餐櫃的結合開始，就能一窺這間房子的收納機能，複合式的櫃體收納，可以說是這個家的主題。

走到客廳，只看到兩張小圓桌，幾乎沒有櫃子的蹤影，那要怎麼收納？答案就在沙發旁可掀開，當作收納箱的的腳凳，以及內凹洞設計的電視牆，所有公共空間的物品都能被藏到這些地方，用得到卻看不到！當視線不受雜物阻礙，空間自然就放大了。

小心機─省錢省空間，連床都能收
公認物品數量最多的廚房，因礙於空間限制，除了一字型廚具之外，可再添購一座矮櫃相搭使用，延伸並輔助廚房收納空間的不足，部分的餐具則分散到餐廳的餐櫃，廚房就不會被塞得滿滿而爆炸了。

至於衣物最多的臥房，為了節省空間，衣櫃主要採用吊桿，另外視需求和衣櫃所剩的空間，再搭配現成的收納抽屜盒，比起層板，能依尺寸挑選適合的大小抽屜盒，反而更具調整彈性，增加使用效能。而兒童房裡，將床隱藏至牆櫃中的概念，是讓單一空間除了睡眠之外，還有機會擴大成為遊戲空間的方式，儘管不到三坪空間，大型衣櫃與單人床一應俱全。

16坪的空間能擁有什麼？玄關、餐廳、廚房、客廳、浴室，以及兩房！並且在不同角落都有足量的收納規畫，比這還要多個10坪的房子，也不過如此。坪數之於收納也許是優勢，但生活機能的切割與安排，以及將生活所需的物件具體計算，或許才是更重要的。

1.2　廚房走道若是跨距夠寬，增加輔助櫃收納，預算會更精省。

1

2

廚房
Kitchen

浴室
Bathroom

1 浴室剛好面對餐廳，因此將門片與牆面融為一體，推開暗門就能看到乾濕分離的衛浴空間。

2 洗手台下方選擇搭配浴櫃，多了收納空間也能遮掩水管線路，臉盆周圍還多了可擺放小物的檯面。

3 主臥以床頭櫃結合窗邊矮櫃的方式達到收納機能，臥榻下方為可擺放摺疊衣物的抽屜，彌補衣櫃不足的空間。

4 兒童房設計了可收納的側掀床，並運用樹枝造型衣帽架點綴房間的童趣，同時也讓孩子隨手將衣物歸位的習慣。

臥室
Bedroom

設計師收納撇步大公開

1.用家具做收納：只有兩房的小坪數格局，適合利用機能型家具輔助收納。像是沙發、床鋪等。

2.美形結合機能：床可以收起成為畫板、窗台椅可以成為櫃子與用餐托盤，機能不一定單調呆板，也可以結合趣味與美感。

3.一櫃多層次，充份利用：櫃子除了雙面設計滿足兩個空間，單一櫃體內部規畫也該分為隱藏層架、開放層架、抽屜等多元收藏方式，才會好用。

4.小空間，80%隱藏設計：在空間小的條件下，物品展示以2：8為主，80%要盡量藏起來，才不會壓縮空間感。

Point 1
玄關
拉抽鞋櫃結合穿鞋椅，收放自如。

1 門片式側櫃，位於餐櫃鏡子後方，層板可上下調整，置放22～28雙鞋沒有問題，或是做為進門放包包、鑰匙、隨身零錢發票的櫃子。

2 鞋櫃位於餐櫃的50公分處，可伸縮拉抽，平日不用時隱藏至櫃中，拉出還能兼做穿鞋椅，下方可放18～27雙鞋。

Point 2
餐廳

餐櫃、鞋櫃共用，
餐具、小家電都好放。

1

餐櫃主功能位於50公分以上，最上方以門片
櫃為主，平日不用的小家電或餐具可先不拆封
收藏。

3

餐櫃50～100cm處以抽屜櫃
為主，檯面下規畫了抽屜，可擺
放餐具、餐巾等用餐會使用到的
物品，可就近拿取，不用再繞到
廚房。此外，也可部份做為家中
的醫藥用品置放處。

2

餐櫃層板，可用於展示杯組，平台可擺放咖啡
機，與餐桌形成一個食的品味空間。

客廳

從電視牆到沙發，全都具有收納機能。

1

訂製款的腳凳掀開後即為收納箱，裡面可存放雜誌或一些家用品的包裝盒，讓雜物有地方可藏，不用到處堆放。

2

電視牆以內凹鏤空的手法製造收納空間，隔板間距有大小之分，可依物品尺寸擺放。電視牆上方利用鐵件製作上吊架，可供客廳、廚房共用，DVD、書籍、紅酒都能放置於此。

3

電視牆後方以訂製家具櫃做為廚具的延伸，抽屜、層板可滿足不同的廚房用品收納，不怕廚具放不下。

主臥

床頭櫃結合窗邊臥榻，實用、休閒兼具。

 1

夫妻共用的衣櫃依照男女需求而有細節不同，右櫃主要以吊掛為主（吊桿與褲架），另有一薄型抽屜，擺放小東西。

2

左側窄櫃則針對數量不多的長的洋裝和長大衣而規畫，預留135cm，下方則安排了抽屜，讓折疊衣物也有地方擺放。

3

窗邊臥榻下方設計了深抽屜櫃，可放摺疊好的衣物或薄被、毯子等，旁邊延伸處還能做為泡茶區。

Point 5
兒童房
隱形的床鋪，收起來就不見了。

1

可收納的側掀床，底部是塗鴉玻璃，床收起時可當孩子的遊戲區，完全不佔使用空間。

3

壁式掛勾，選用和衣櫃門片同款的造型，增加小孩房的吊掛機能。

2

與床結合在一起的置物層架，讓孩子可以將心愛的作品或是玩具做展示，下方則可放張小凳或小桌子。

4

衣櫃依照孩子的身高調整內部五金位置，吊桿在下、層板在上，方便孩子自行拿取衣物，養成收納習慣。

5

衣櫃側邊窄櫃全以層板規畫，方便日後調整，初期可以使用收納盒讓孩子放玩具，日後可拆移置放多層活動抽屜，甚至也可加吊桿。

6

造形掛架，除了增加空間的趣味，還可以讓孩子將外套、帽子，甚至於小包包都放在上頭。

B

客廳減櫃空間大

一開始就做對

case
6

住了4年繼續微調！
家人都説「讚」才是完美收納

共用法則！大櫃集中整理，減桌、減櫃、減到好生活

住宅類型：大樓　**坪數**：32坪（含陽台）　**家族成員**：夫妻+1子
空間配置：客廳、餐廳、廚房、主臥、小孩房、衛浴、更衣室
使用建材：老木、手工磚、復古磚、超耐磨地板、活動家具

D 廚房內藏雜貨間

C 餐廳雙櫃功能各異

1	玄關	6	浴室
2	客廳	7	更衣室
3	餐廳	8	主臥
4	廚房	9	兒童房
5	盥洗區	10	陽台

家收納，分區做 ——

A 超大玄關。玄關櫃不只放鞋，也一起收編電視櫃的各式雜物。

B 客廳淨空。用牆凹收納電視，客廳不擺茶几，空間加倍大。

C 餐廳革命。邊櫃與玻璃櫥交叉運用，一收一放美感透出來。

D 廚房。畸零角地加造型門框，立刻就有乾貨零食間。

E 分流浴室。盥洗區獨立規劃，除了超大備品櫃，連洗衣機也放進來。

F 獨立更衣室。全家共用，臥室零衣櫃，睡起來更舒服。

大玄關一次收齊

浴室、盥洗分2區

更衣室取代全家衣櫃

這是我目前的家，今年已經住到第四年，才終於調整成最滿意的樣子。說實在，經過這麼多次的收納「練習」，當我自信滿滿認為可以駕馭任何空間，這房子卻給我上了一課。當時我正迷戀美式老件，蒐集了不少漂亮的古董櫃與桌，心想終於可以好好擺進家裡了，而為了滿足私心的美感堅持，小小犧牲收納應該沒關係吧？未料，這小小犧牲卻滾成生活的大不便，這才明白要是太相信「家人會配合我」的話，最後過不去的還是自己！

玄關！收納最前線，讓凌亂不進屋裡

選擇住這裡的主要原因，是因為這房子有一座迷人的陽台。我與先生喜歡從陽台望出去的風景，也渴望自然綠意的生活，而陽台更是令孩子興奮不已，長久以來想養兔子的願望，終於可以實現了。

為了把陽台納進共享空間，我大大調整了格局，把原本佔據陽台位置的主臥移開，使陽台、廚房、餐廳、客廳可以連成一氣，並利用超大的玄關櫃以及廚房旁畸零空間做為乾糧儲藏室，一舉解決了從玄關到廚房的種種收納問題，這一切，都是為了使整個開份空間可以視覺通暢，讓家人充分享受陽台的美好。

格局大風吹之後，只有玄關受限於管道間，成為全屋唯一沒有改變的地方。在32坪的房子裡，玄關佔了近2坪（210×260cm），儘管這看來是件很浪費的事，可是我想既然無法再精簡了，就好好利用這個大玄關吧。

我把玄關當成收納的前線，利用一整面牆的櫃子滿足了鞋櫃與雜物櫃的功能，買回的日用品、脫下來的鞋、雨具、鑰匙等都能適得其所，讓進入家門的基本動作「放」，自然而然成為「收」的一部分。

這座玄關櫃，同時也代替了客廳電視櫃的雜物收納，讓客廳得以擺脫了高櫃給人的壓力與夢魘，最後，我索性連電視櫃都不做，直接將電視內嵌入主牆體，側邊做出內凹空間擺放書與視聽設備，讓空間視野無障礙，清爽極了！

客廳
Living

客廳2.0升級版，拋開茶几的包袱，改用邊桌取而代之，剛好滿足的精準尺寸，騰出更多空間給好動的孩子。

Before

玄關
Entrance

保留大大的玄關，整面牆的玄關櫃包含了鞋櫃與雜物櫃，進門第一步就先收好。

After

Before

餐廳
Dining room

大餐桌Bye-Bye！實用主義至上的餐邊櫃，改善了原本無處可收的窘境。

別讓不對的桌子，成為隨手放的亂源

桌面一旦淨空，房子就整潔一半。

要著手解決凌亂之源，首先要從桌面開始深思熟慮。什麼地方該有桌子，使用的功能是什麼？多大尺寸就能滿足！是我住進這房子之後，獲得的更深體悟。

客廳真的需要茶几嗎？房間就一定要書桌？床頭櫃的功能到底是什麼？茶几的功用是用來放飲料小點，如果用一張輕巧的邊几就能搞定，是不是就省下一大張茶几的空間，也避免了更多亂放雜物的可能；房間需要桌面，是為了放手機、眼鏡、睡前讀物，何必需要動用一整張書桌，是不是鎖上一個系統薄抽屜就能搞定？

在這個想法底下，我減去大量不必要的桌子，在床頭邊、沙發旁、餐桌下安排籐籃或木箱等配件，用不顯眼的角落滿足隨手放的需求。

陽台
Balcony

開闊的陽台，提供了餐廳與廚房的好景，
正是當初決定入住的吸引條件。

家人一起學習共用，擺脫物役之苦

這房子運用了許多「共用」的概念，例如用一座全家人共用的更衣室取代分散各房的衣櫃，而大餐桌也取代了書房與書桌，全家人在這裡用餐、看書、寫功課，這使得臥室就可以簡化得更單純，就是用來睡覺休息的地方。

當我們從小房子搬出來時，這房子無論如何都好用很多，這不禁令我的設計也寬鬆了起來。擺張夢幻大餐桌應該不為過吧？我選了一張自然粗獷的木疤大餐桌，而為了營造歲月感的古董風情，又選了三面玻璃的櫥櫃以及古董寫字桌來搭配。

可是，收納沒處理好，美也是短暫的。

房子剛裝修好的時候，乍看之下一切都很理想。可是我忽略了這違反過去在餐桌旁安排邊櫃的使用習慣，我天真以為用一張小小的寫字桌與桌下的木箱就可以搞定隨手收納的問題。

住進來一年多，在先生不斷的「耳語」與「諫言」下，我終於捨棄了尺寸過大的餐桌，換了體積稍小且較好清潔的木餐桌，利用剩餘空間安排了一座半高邊櫃，有抽屜可以藏遙控器、鑰匙、發票等雜物，而正在讀的書、解饞的乾糧、寫作業的文具等則可以藏進門片櫃。當餐桌要轉換功能時，就可以就近迅速收整，不必再抱物奔走了。

「早說這樣比較好吧！」先生很滿意調整後的樣子，而我也終於洗刷了「不實用」的污名，千萬別讓一點點美感的堅持成為收納的障礙啊。

廚房
Kitchen

1 廚房盡頭是一個三角畸零角落,以走入式的規畫做為乾貨食品的的儲藏間。
2 採日式浴室的設計,浴室只有浴缸與淋浴,洗臉台移出來獨立,分流使用讓
　一間浴室可以滿足三口人的需求。

浴室
Bathroom

屋主收納撇步大公開

1 **共用**:何必每個房間都要有衣櫃、書桌與書櫃?獨立更衣室把全家衣物收納集中,少了
　一座又一座的衣櫃,空間感便可以釋放出來。

2 **分流使用**:一般覺得三口人會需要一套半衛浴,但我家只有一套,為什麼?我仔細分析
　家人作息,起床通常有先後順序(先是老公,再來是我,最後才是小孩)使用廁所的時
　間不強蹦,只要把盥洗區獨立出來,利用分流使用就可滿足需求。

3 **開放吊掛**:開放性的空間收納可以善用吊掛,馬桶刷可以吊掛在馬桶旁,常用平底鍋與
　鏟子也可以吊掛在廚房,相關性物件跟著空間走,好拿好收不用找。

4 **順手收納很重要**:我以為自己的東西很少,就算餐桌旁沒有邊櫃也一定可以維持很好。
　但我錯了,東西多寡無關整潔,最重要在於能否順手收納,在收納重點區域,實用性
　的邊櫃千萬不可少!

5 **學習減法生活**:收納提倡的是管理式生活,人生本來就是有限制的,但我們往往過度
　任性,才會在生活中累積了這麼多物件。當家裡的瓶瓶罐罐多,一天到晚就在伺候物
　品,哪能享受生活呢?所謂「君子役物,小人役於物」,面對凌亂要治本的方法,就是
　開始學習「減法」的生活。

家的主題收納

Point 1
客廳
角落輕量收納＋俐落內凹展示牆。

1

外套、圍巾或披肩不要再掛沙發背了，一只漂亮的藤編藍就能美美收起來。

2

氣派的大茶几Out，尺寸恰好的邊桌In！一本書、一杯茶、一盤蛋糕剛好能容，獨享時光這樣就足夠了（共享請到餐桌）。

3

不實用的古董寫字桌換掉，改成仿舊木箱抽屜矮櫃，後來這裡變成孩子的寵物專區，擺上水族箱養觀賞魚，抽屜剛好可以收納魚飼料。

④ 利用牆凹把電視櫃收在立面，配合層板書架展示，增添主牆的情趣，也讓客廳沒有大型櫃體存在，保留更多空間讓孩子可以活動，也讓動線更俐落。

餐廳

添加邊櫃支援桌邊收納。

2

邊櫃與窗簾間的角落，加入木箱以便隨手放，手袋不必跟人搶椅子。

1

餐桌邊櫃除了內部可收納，櫃面上也常可能放置小物，為防止瑣碎細物四散容易感覺凌亂，用托盤整合起來的話，感覺會整齊不少。

廚房 + 儲藏室

雙I字型的廚房，以拱形門框區隔出儲藏室。

1

廚房收納功能強大，三角形儲藏室空間一支吊桿
就能完成的壁掛收納，平底鍋、炒菜鏟、砧板掛
起不佔空間又好拿，左側門框後面是視覺死角，
加上掛鉤剛好可收掃地用具。

2

另一側牆面做開放式層架，清楚擺放乾糧零食與
雜貨。最下方層架離地抬高至少20公分，整箱
買回來的飲料或是家庭號礦泉水都可以輕鬆塞
入。

主臥 + 兒童房

衣櫃外移 + 可變更機能層架。

1 主臥將衣物都集中更衣室收納,節省了衣櫃空間,只規畫簡單的書櫃,讓房間單純就是休憩之所。

2 主臥床頭旁的邊櫃與藤籃,可以擺放剛換下的來的衣服,還沒有洗的睡衣、早上起來要穿的外套、披肩等。

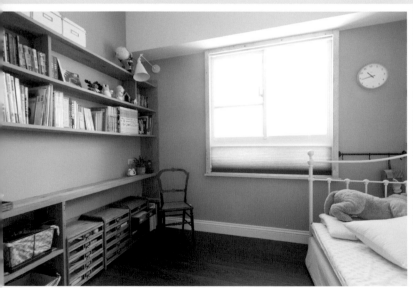

3 兒童房以彩牆背景設計一個層板框,除了做為固定式書架與書桌外,下方也可搭配活動式抽屜木箱來收納。如今,孩子愛上電子琴,下方層板高度剛剛好可以塞進電子琴。

4 兒童房門後方設置掛勾,可以擺放孩子的包包、衣物。

更衣室

全家共用，從衣物、棉被到包包分區管理。

 更衣室鄰近盥洗、浴室區，成為黃金三角。更衣室用門簾區隔，門外的畸零空間架設層板，可放置常用的毛巾浴巾，原先最下層擺活動抽屜櫃，如今則放置污衣籃。

② 更衣室裡的系統衣櫃，一面以吊掛為主，一家三口人各自分區，最上層用來收棉被。另一面為半高抽屜櫃，摺收居家服、運動服、牛仔褲等。層板架展示包包，最上層部分打包已經不穿、等待送人的衣物。

盥洗區

沐浴備品櫃＋行李箱專用區，就連洗衣機都能擺得美美。

1 盥洗區規畫大型備品櫃，相關物件集中收納，且運用收納盒配件分類，好收好找不凌亂。最下層則用來收大型行李箱。

2 洗臉檯獨立出來，刷牙、洗臉、梳妝不打架。原先洗臉台下方只有污衣籃，調整後，將滾筒洗衣機從陽台內移，置於洗臉台下方，洗滌動線更流暢。

浴室

壁式收納，清爽不潮濕。

1 選用壁掛式馬桶，水箱設計在牆內，好處是沒有清掃的死角，而半高牆的落差也可以利用來擺放香氛或小盆栽。

2 沐浴用品簡化到只剩兩罐，一罐洗澡、一罐洗頭，只要挖個牆凹就可收好。

A
客廳簡化設備

B
邊櫃式餐區

case

7 走道式餐廚空間，
13坪一樣能無敵收納！

微型收納＋閣樓儲藏室，五金設備與天花板是關鍵

住宅類型：大樓　**坪數**：室內13坪　**家族成員**：夫妻+1子
空間配置：客廳、廚房、主臥、小孩房、衛浴
使用建材：環保水泥漆、歐規系統板材、德國超耐磨地板、日規矽酸鈣板

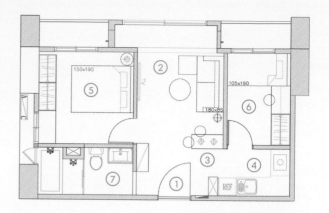

1	玄關	5	主臥
2	客廳	6	兒童房
3	餐廳	7	衛浴
4	廚房		

C
廚房結合走道

家收納，分區做 ——

A **客廳淨空**。客廳不安排櫃體，電視櫃降低高度，使空間獲得最大淨高。

B **微型餐廳**。用吧台取代餐桌，下方增加小電器櫃的收納機能。

C **走道式廚房**。不浪費走道空間，成為機能廚房，與小吧台環繞出一個食器電器小物的收納區。

D **臥室櫃收納**。系統櫃與升降五金應用，讓衣櫃達到最大化收納量。兒童房天花板亦規劃閣樓儲藏室。

E 臥室善用壁掛

為 新婚夫妻設想的小房子，權狀雖然有23坪，但扣掉陽台與公設之後，室內只剩下12～13坪了，這樣大小的空間勢必不會有完整的玄關與餐廳，但還是想讓房子擁有一個家該有的機能，怎麼做？

幸好，這房子擁有很不錯的樓高，扣掉天花板厚度之後，樓高仍還有320公分左右，若妥善利用「上方」來收納，則可為生活爭取更多空間。

就原本建設公司設計的格局，大門進來直接就是客廳，而一大一小的房間分別位在左右靠窗採光位置，而走道動線上的L形廚房功能精簡，這房子雖然可以滿足基本起居生活，但卻需要在大門、客廳、廚房等處，補充鞋櫃、電器櫃、儲物櫃等功能。

客廳
Living

只有13坪左右的房子，餐廳與玄關就透過系統櫃的多元性來做彈性設計，滿足基本需求。

1

從廚房到客廳的轉角，利用吧台打造的微型餐廳。

在有限空間裡，與其勉強塞進一張餐桌，倒不如用「吧台」的概念來思考餐廳，長100公分的吧台桌面，側面寬度為45公分，恰好可以容得下筆電，用餐與工作並進使用也沒問題，而吧台下方設計了層板與抽屜，可作為小型電器櫃與乾貨收納，加強廚房不足的機能。

為了讓空間淨寬維持在最大值，小客廳不再增加櫃體，但收納該怎麼處理？我利用隱藏式摺疊拉梯在走道天花板設計了閣樓儲藏室，用來收納不常用的大型物件。此外，電視牆上方的挑高空間，也可以好好運用，藉著間接燈下方增加的強化層板，則可擺放書籍、文件與裝箱物品。

屋主收納撇步大公開

recommend

1 **家具輕巧化**：小空間除了物件收納，家具本身的造型也對空間的整齊與收放有所影響，除了尺寸上錙銖必較，盡量以圓弧或鏤空設計，視覺俐落。

2 **挑高宅收納閣樓**：挑高宅不做夾層臥室使用，而是利用天花板高度做閣樓儲藏室，結合下拉式隱藏梯，少了櫃體的壓迫也多了收納區。

3 **角落式收納**：利用沙發與吧台間的小空間，規畫迷你雜誌架；流理台旁則規畫活動式收納架，以及櫃側邊的樹狀掛勾以及臥房牆面式迷你層架，讓角落處處有功能。

Point 1
客廳
挑高層板＋迷你矮櫃，減化空間。

1 客廳高處規畫層板，讓不常用的物件可以盒裝收納。

2

沙發與吧台桌間的畸零角落鎖上小展示書架，同時也能收小物，下方置物籃可收包包或衣物。

臥室

系統櫃＋五金零件，多元收納。

1

小孩房只能容納得下單人床，用床背板取代床頭櫃，絲毫不浪費一丁點兒空間。鎖上系統抽屜櫃就是書桌，利用洞洞板吊掛層板與筆筒等，滿足書籍與文具收納。利用天花板上方的挑高空間，規劃閣樓儲物區。

2

為了盡可能利用高度收納，主臥室衣櫃使用升降衣桿，油壓五金省力安全，高處吊掛也能輕鬆拿。

廚房＋餐區

轉角空間，也是烹調用餐區。

使用吧台取代餐桌，桌面單側的寬度與突出深度，考慮到長時間使用電腦的舒適性。吧台下方層板可放小家電，抽屜櫃則可放零食與茶包等乾貨。

CH3

8大空間這樣選櫃子，
家才能真的收乾淨！

場地／昌庭

· 隱收納 ·

玄關

1 長形玄關使用鏡面櫃子，除了整裝，也可以放大空間。
2 玄關矮櫃可以收納，也可以創造出家的景觀角落。

玄關，可以是藏功一流的收納門神！

空間型態決定櫃子選用，鞋櫃、衣帽櫃得速配

以中國人重視的風水觀點來看，首當其衝的玄關攸關著整個家和人的運勢。一進門不能直接看到室內，甚至直通到底，都犯了風水上的禁忌，這時玄關就能發揮遮蔽功能。

再來則是玄關最重要的功能－收納，在這個坪數不大的區域裡，除了要擺放從頭到腳的物品，還得兼顧日常用品的堆放，不只便利性要高，也由於物品較不統一，最好還能做足隱藏式收納，才能在正式踏入居家空間前，把不必要帶進家裡的雜物清空。然而不同屋形會造就不同形式的玄關，在櫃體選用上，也有著適用與順手的差別。

壁面玄關，吊掛式設備助你一臂之力

小坪數可用櫃子製造玄關，但有些房子因為空間真的太小，就連多擺一個櫃子都覺得擁擠，這樣是不是就得完全捨棄玄關了呢？先別急著投降，因為就算不使用櫃子，只要有一面牆，也照樣有辦法擁有「玄關機能」的！

在壁面上利用各種掛勾、輕巧的薄型吊櫃，就能掛外套、包包、帽子、雨傘，也可以收納一些鞋子，不只達到鞋櫃和衣帽櫃的複合式功能，也不用擔心會佔掉原有坪數讓空間變小，而這些掛在牆上的物品，也剛好能當作壁面裝飾，突顯個人風格與品味。

無玄關居家，用格局和櫃子達成機能

很多人會問：「大房子空間夠，當然可以有玄關，但房子不大還要挪出空間規畫玄關，不是很浪費嗎？」，也因此現在很多30坪以下的住家，幾乎都沒有玄關，但是在知道玄關的重要性及功能性之後，「玄關浪費空間」的論點就被推翻了！對於小坪數的居家空間而言，雖然無法擁有完整空間規畫玄關，但還是有辦法利用格局本身的條件，像是擺放現成或訂製家具櫃做定位，達到玄關的機能性，所以即使空間再小，依然能夠製造一個「無玄關空間，有玄關功能」的區塊。

長型玄關，避免櫃體造成的空間壓迫

長型玄關雖然橫向幅度足夠，但相對也會產生過於窄長的問題，如果空間寬度又有限，玄關就會顯得不夠開闊，因此如何「拓寬」長形玄關，是規畫時的重點。玄關主要的收納物以鞋子為主，一般人都會提出「鞋櫃越大越好，最好全部做到頂」的要求，但是在長形玄關裡並不適合做滿高櫃，因為又大又高的櫃體會使空間變得很壓迫，人一走進來就會有種喘不過氣的感覺，頓時失去回家的放鬆感了。想要拓寬長玄關，不妨利用高低交錯的櫃體，滿足收納量也考量到空間。

獨立玄關，火力強大的收納區

獨立玄關適合坪數大、家庭成員多的居家空間，同時具備完整功能－從鞋櫃、衣帽櫃和儲藏室，一應俱全，所佔空間也較大。是家人們可以先進行第一階段的隨身物收納，透過大量儲物的空間規畫，在第一階段完美攔截。即便是外客來訪，脫下的外套也可以掛進衣帽櫃，完全不讓雜物有機會進入公共空間，避免任何可能的凌亂發生。

玄關櫃的4個好用概念

1

挪出總空間的2%規畫

only
2%

玄關不需要太大,但卻能提升整個家的使用效益,50坪以下的房子,自整體空間中撥出2%規畫玄關,換句話説,30坪的房子只要不到半坪就夠了,有了這0.5坪的空間,不但有助於收納,也能維持居家的整齊乾淨,以坪效來換算,是非常划算的。

2

玄關櫃分上中下三段

玄關櫃既然身負收納的責任,在設計上必須符合生活習慣,才能方便居住者使用。櫃子可劃分為上中下三段,上段以吊掛外套為主,以及放置包包的層板,中段可有擺放帳單、發票或襪子的小抽屜,,下段則可收納雨傘、登機箱、高爾夫球具等。

Point

3
櫃下懸空、鏡面櫃門最實用

位於出入口的玄關櫃，除了收納還得具備
整容功能，因此櫃子下方以懸空最佳，可
將拖鞋放在櫃子下，方便進出更換，平時
也容易清掃；櫃門可使用鏡面，或在門片
內掛上鏡子，出門前就能輕鬆整裝。

Point

4
長輩、小孩一定要有穿鞋椅

穿脫鞋子是每天會在玄關上演的事，大多數的
人可能都是站著、匆忙套上鞋子就出門，但長
輩和小孩卻是需要坐著穿鞋的，因此玄關櫃
可結合穿鞋椅，不只提供一個能好好穿鞋的地
方，椅子下方亦可做為收納櫃或收納架。

4種玄關櫃型，
收納需求大不同

TYPE

1

壁面玄關

薄型吊櫃＋掛勾

若真遇到入門只有一道牆可利用，或是寬度只有90公分的走道，一般玄關櫃會無地可放，或是壓縮到行走寬度，此時，壁面玄關是最省空間的玄關設計，只要挑選適合的掛勾和薄型吊櫃，家裡的牆面就成了另類玄關。

掛勾和吊櫃最好都是固定在牆上，承重才不會有太大問題。若沒空間作鞋櫃，鞋子也可以採用直插式收納，僅需15公分，比原本30公分少了一半的深度，減少佔用走道空間。

狹長玄關利用了層板、掛桿，以及懸吊櫃，結合趣味掛勾，爭取了更多收納機能。

1 事先在入口處規畫內凹空間嵌入櫃體，近門處為門片式鞋櫃，結合開放式的展示置物櫃，讓一進門的餐區透過一面牆完成足量收納。
2 利用大門附近隔出衣帽間，只需半坪，內部規畫L型層板鞋架，收納量大，還可放入推車或輪椅。

TYPE

2

無玄關

壁面內凹＋活動衣帽鞋櫃

想要無中生有玄關收納機能，可在進門的兩旁或前方，直接利用櫃體隔出象徵的玄關。最好是在格局規畫時，在門旁邊隔出衣帽間，或設計能嵌入玄關櫃的內凹壁面，櫃體深度最好有40公分，男鞋和包包都能擺放。

TYPE 3 長型玄關

矮櫃＋固定式高櫃

對於原本就是固定格局的長型玄關，避免狹隘感最直接的方法就是從視覺著手，大門入口先以矮櫃打頭陣，接著再設計高櫃，先矮櫃再高櫃的組合，也符合動作動線，進門先把鑰匙和包包放在矮櫃上，再脫鞋換穿拖鞋，最後把鞋子放入鞋櫃，流暢地完成收納動作。搭配比例上，建議1/3～1/2為矮櫃或穿鞋椅、2/3為高櫃。

高櫃的門片可選擇用鏡面，放大空間也兼具穿衣鏡功能。要注意門片尺寸，通常長型玄關走道寬度有限，考慮開啟迴旋空間，以40～45公分的門片為佳。

1 進入玄關，先矮櫃、再高櫃的設計，能滿足收納量大的需求，也不會產生視覺壓迫感。

2 高櫃內以收納鞋子的活動層板為主，層板間距高度約20公分為最適宜。

3 選擇實用性高的裝飾碗置於矮櫃平台上，方便收納鑰匙、零錢。

鞋櫃+衣帽櫃(衣帽間)+儲藏室

身為有著轉換心情重要功能的獨立玄關,展示和收納同等重要。除了高櫃,也要有一部分的矮櫃或上下櫃,擺放裝飾藝術品,最好能保留一部分壁面掛畫。雜物就要採用大量門片和抽屜做隱藏式收納。

運用層板、抽屜、矮櫃互相搭配,形成多功能的獨立玄關,空間狀況許可下,劃分出半坪設置儲藏室,更能提升玄關攔截雜物的強大功能。櫃體內部依照所收的物品做層板規畫,除了鞋子、外套,還能掛傘、放安全帽。抽屜可以放小物品或帳單,衛生紙等生活用品則收入門片收納櫃內。

1 除了櫃子設計,也可透過角落空間,規畫出迷你儲藏室,收納物件更有彈性。

2 獨立玄關空間,在衣帽櫃旁邊以暗門再設置一間儲藏室,採買回來的生活用品都能順手收納。

3 衣帽櫃與鞋櫃結合的設計,上下門片是分開,避免氣味干擾。

Area 2

· 弱收納 ·

客廳

1 盡可能不要讓電視
　櫃搶用了客廳的空
　間，特別是目前坪
　數有限，客廳跨距
　較小的住宅。
2 客廳與餐廳櫃體共
　用，不讓家裡處處
　是櫃。

客廳，情感空間東西越少越好

先從電視牆櫃下手，整合空間也整合收納

為了把空間留給居住者使用，客廳的收納越少越好，一來可以加大視覺開闊感，二來也騰出更多空間供家人活動、交流。

客廳最常見的物品就是視聽設備，而設備的線路往往是造成居家雜亂的主因之一，收納主要也以這些設備及其線路為主，因此，電視牆的規畫，包含櫃子的尺寸大小、內部線槽的設計等都是重點。

用電視牆面做收納，藏多露少

在設計電視牆時，首先要先知道會有哪些設備，以及所有設備的尺寸大小，才不致發生最後放不進去的狀況，同時預留約5公分的散熱空間。再來要把握「藏多露少」的原則，要有適度的門片遮擋才不顯雜亂，而擺放設備的門片則應選擇便於透視與遙控的玻璃材質。

客廳+書房 vs. 客廳+餐廳，共用儲物櫃

近來，客廳的用途不再只是單純的客廳，還得兼具閱讀、用餐、親子活動等功能。

既然是沒有分界的開放式公共空間，意味著不同機能的兩種（或以上）空間，要一起共用櫃子收納物品，這時收納櫃的設計，需要將伴隨不同用途而來的物品特性、使用頻率及拿取位置等全都納入考慮。

許多家庭通常會將書房、餐廳與客廳整併在一起，這樣的空間可以怎麼做呢？

首先，櫃子要以高櫃為主，上層擺放書籍或較輕的、常用的餐具，下層放置視聽設備；書桌則可規畫在電視牆（或櫃）旁邊，嵌入牆內又不佔空間。同一個櫃子，可是是視聽櫃+書櫃，也可以是設備櫃+餐具櫃，端視空間的整併而定。

家具不只是風格造型，還能幫忙收納

在客廳裡，除了利用櫃子收納，在選擇家具時，可以挑選具備收納功能的款式。

不妨選用下方有大抽屜可堆放雜物的沙發，或是茶几四邊有大小抽屜可擺放雜誌、茶具或生活小物品；如果覺得固定式的茶几太佔位置，也可以選擇活動型的邊几，平常靠放在沙發旁亦可置物。

除了體積大的家具之外，小體積的收納盒也是客廳收納的好幫手，挑選尺寸規格化、顏色與居家風格相符的款式，可以用來擺放遙控器等零碎物品，不會七零八落的散亂在沙發或茶几上，也不怕找不到，無形中讓生活更輕鬆便利。

電視牆櫃的 4 個好用概念

Point 1
客廳空間宜大，至少佔居家的1/3

客廳屬於全家人共用的公共空間，在佔比上來說會是比較大的，約為整體空間的1/3，也可以和餐廚區結合，擴大至1/2。當客廳空間大時，房間相對較小，也能「強迫」家人們不待在自己房間，多多出來與其他人聊天、互動。

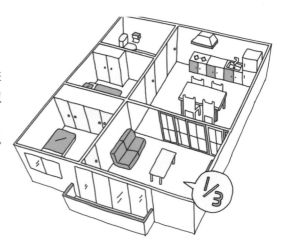

Point 2
先決定設備數量與尺寸，再設計櫃子

視聽設備和線路是客廳收納的主要重點，如果地上佈滿了設備的電線，不但看起來亂，居家安全也堪慮。在製作電視櫃時，應先決定好電視及各式設備，確定尺寸之後再設計櫃子，量身訂做才能收放得剛剛好，反之則容易一團混亂。

3

電視櫃抽屜設計，以淺抽為佳

客廳的電視櫃除了擺放電視、視聽設備之外，一些居家常備用品，例如：藥箱、工具箱、電器說明書、替換零件等，也會一併收納在這裡，因此可以設計幾個深度20公分內、適合放置小物件的淺抽屜，不要太深才方便拿取使用。

Point

4

讓電視也能被收納，家人互動大加分

客廳與電視似乎已經畫上等號，但是也因此讓家人之間的交流變少了，甚至可能因想看的節目不同而爭吵，但在客廳不裝電視的概念，尚未普遍被接受前，不妨試試以投影機和升降布幕代替，減少有形的電視形體，降低想開電視的欲望，增加家人間的互動。

4種電視櫃，
收納需求大不同

高櫃，收納強但展示要注意美感

利用一整面牆的範圍收納，做空間最大值利用，適合空間有限、物品繁多，或是家中沒有規畫書房的屋主。依照所收納物品的尺寸，規畫不同寬度的層板並搭配抽屜，如果想在客廳展示茶壺、杯盤，可以選擇一部分用玻璃門片阻絕灰塵，但要注意可能會造成反光影響觀看電視。

雖然收納量強大，造成的壓迫感和看電視時的視覺干擾卻也是最高的，最好掌握2/3附門片、1/3開放的比例，最上層採開放式並盡量不要擺滿物品，以減輕壓迫。高櫃一定要固定在牆上，承重才安全。

TYPE

1

高櫃電視牆

1.2影音設備、CD、DVD、書籍、裝飾品，通通藉由一面牆的面積收納。（圖片/IKEA）

TYPE

2

半高櫃電視牆

半高櫃，收納美感平衡

客廳若空間不大，高又厚的櫃子會充滿壓迫，不妨以矮櫃和半高櫃組合，這樣的形式，適合收納簡單視聽設備、適量的小收藏品，用淺層板的薄型半高櫃就能兼顧需求與空間感。至於下方矮櫃，則以40公分高的抽屜最好用，從CD到書等雜物都能放置，補足淺櫃功能。

半高櫃以不超過150公分高為佳，不但視覺比例剛好、無壓迫，也方便拿取。若是開放式，活動層板雖能照物品尺寸自由調整，最好與旁邊線條形成水平，更為整齊美觀。如果想要製造輕盈感，也可以將半高櫃採懸掛式設計。

3

1　附門片與抽屜式設計，符合1/3外露、2/3隱藏的收納原則。

2　延伸出一部分設計CD和書的展示架，與抽屜形成常用和不常用的區分概念。

3　即使是半高櫃，也可以有充足的收納規畫。（圖片／無印良品）

TYPE 3 矮櫃電視牆

矮櫃，收納較弱美感一般

和無櫃體電視牆比起來，多了下方幫助收納一般基本設備、外加一些日常物品的矮櫃，屬於最方便也最大眾化的方式，有許多現成的種類可以挑選。當然線路一樣得事先規畫，不過日後若要增加設備，會比無櫃體電視牆來得方便，但美感一般，很難再提升。要注意保持檯面淨空，不要隨手堆東西。

一般矮櫃長度選擇7尺就很剛好，15～20公分高的薄抽最好用，剛好放電池和DVD這些屬於客廳的小物品。空間夠寬敞的話，能選用9尺的矮櫃，可以深淺抽互相搭配，收納較多種類。

1 視空間條件與收納物品選擇矮櫃尺寸，例如此矮櫃還收納了卡拉ok設備。
2 電視矮櫃只露出機器接受遙控的部分，其餘盡量以抽屜隱藏收納。

造型牆，簡潔俐落零收納

無櫃體的電視牆，正面就是一道乾淨俐落的完整牆面，完全不具收納功能干擾，最能呈現簡約美感和現代風格，適合設備屬於精簡型、或使用高科技產品的年輕族群。如果除了電視本身，還有基礎的影音播放器或者其他小巧設備，則要借用附近的櫃體，或是獨立電視牆後方做借位收納。

簡約美觀是最大優點，但相對日後若要增加設備相對麻煩，包括電線、網路線等等的線路，都已經是在裝修時就規畫在牆的內部（設備線槽），表面無任何櫃體可以遮蔽預留插座、或是新增的電線，因此絕對要事先決定好設備。

TYPE 4 無櫃體電視牆

1 設備也可以隱藏在獨立電視牆後方收納櫃體內，至少需要50公分厚度。
2 牆面本身不具收納功能，設備可以向旁邊的櫃體借位置規畫進去。

Area 3

餐廳

1　餐廳若使用較高的餐櫃，可以選擇上方具有展示感的玻璃門片。(圖片 /IKEA)
2　餐桌後方的抽屜櫃，可擺放日常小物，如眼鏡、藥品等，坐在餐桌旁一轉身就能取得。
3　靠窗的早餐餐桌，除了邊櫃，小沙發下方就是收納抽屜。

餐廳，食器、零食，以及書籍都可包容

餐櫃的多元展示與神隱，讓餐桌功能更強大

　　沒有餐廳的居家，基本上就少了「家」的樣子，其實，餐廳空間比你想得要好用，不同型態的設定，讓我們除了飲食之外，也可以成為工作與談天的延伸之地。

吧台型餐廳

　　在坪數小的居家空間裡，有時真的很難擁有一個獨立的餐廳區域，因此有了從廚具延伸而來的吧台型餐廳。這種形式的餐廳優點是不佔空間，但相對地，器具必須精簡，規格也得小巧，自然完整度和齊全性都較差一些，適用於以輕食、外食為主的族群。雖然如此，吧台型餐廳卻具有獨特的悠閒氣氛，且方便性高，隨意坐著就能吃水果、喝咖啡、聊聊天、發發呆，休閒又輕鬆。

　　其實吧台型餐廳並不只適用於小空間，以現代人的生活型態而言，各種坪數的居家空間都可以規畫一個小吧台，簡單的吃個早餐、愜意的coffee break、一個人放空閱讀，或和家人朋友坐著談心，日常生活全圍繞著這個小小的吧台，也更拉近了彼此的距離。

常態型餐廳

　　常態型餐廳其實就是普遍常見的標準型餐廳，適合會在家開伙、常常回家吃飯的族群，這種類型的餐廳，基本上有三大元素：由餐桌、餐椅和餐櫃組合而成，但隨著空間坪數大小、格局形式的不同，三者的尺寸也必須有所差異。依照大、中、小坪數，餐桌的尺寸可參考如下：

　　· 大坪數→餐桌長210×寬90公分以上
　　· 中坪數→餐桌長180×寬90公分
　　　（一般標準尺寸）
　　· 小坪數→餐桌長150×寬75公分

共讀型餐廳

　　共讀型餐廳最適合家中有小孩子的家庭，因為在小學三年級前的階段，孩子需要父母親大量的陪伴，而不是一個人待在房間裡，所以餐廳在用餐時間之外，會成為親子活動的主要區域，一起看書、畫畫、說故事、玩玩具，聽著孩子的童言童語，了解他們的內心世界，餐廳散發出的溫馨氛圍，就是最美好的居家寫照。

　　由於桌子是屬於親子共用的，在高度上必須考量孩子的身高，大約比一般桌子降低5公分（約45公分）為佳，使用起來不吊手，視覺上亦更有休閒氣息。

餐櫃的 4 個好用概念

Point
1
三合一餐櫃很好用

即便是再小的餐廳，都一定要有一個結合家電
櫃的餐櫃！櫃子的設計形式以上下櫃、中間鏤
空為主，上櫃擺放杯盤和乾糧、零食，下櫃可
做為儲物櫃，支援客廳收納的不足，中間內凹
平台則放置電鍋、咖啡機等小家電，一櫃兼具
三種功能，是餐廳裡的居家必備良品。

Point
2
抽屜不可單一尺寸

餐廳裡的物品大多尺寸不一，並不
適宜外露於層板架上，適合使用抽
屜收納，而抽屜的尺寸不能只有一
種，而要以深抽、淺抽搭配運用，高
度12～18公分的淺抽可以擺放小湯
匙、杯墊、餐巾紙等；25公分以上
的深抽則可放置保鮮盒。

杯盤的收納展示有方法

家中收藏的杯盤若想要展示出來，除了美感之外，也得考慮如何在櫃中創造最大的收納量。透過同尺寸、同套組的杯盤往上堆疊，除了充份運用原有台面，也可以爭取利用上方的空間。

櫃子規畫以數量多者為主

在設計餐櫃之前，先思考有哪些物品是要擺放入內的，分類好再依照使用頻率上下分層收納，日後才會好收好拿；櫃子內的設計，應以數量多的物品為主。

以酒櫃為例，一般都會聯想到平躺式紅酒架，但若平時多喝酒瓶高、適合直立擺放的冰酒，櫃內並不需要為了幾瓶紅酒而增設紅酒架，設計應「少數配合多數」。

3種餐廳櫃，
收納需求大不同

TYPE

1

吧台型

廚具櫃＋內嵌設備

吧台不只取代餐桌，檯面嵌入電陶爐或水槽，可提升一字型廚房使用便利性。利用下方空間更能增加機能。若是由廚具延伸的吧台，分為對內與對外，分別輔助廚房與客廳。

對內劃出一區設計適當高度的層板，例如最上層小隔板放調味料，下層大隔板收納鍋具碗盤。旁邊一區放置廚餘、分類回收桶，隨手就能保持整齊美觀。對外的一側，必須內縮15～20公分擺放雙腳，如果長度足夠，則可利用為影音櫃或書架，輔助客廳。

1 長度夠的吧台，也能切割一部分成為對外的影音櫃。
2 吧台下方的空間利用，分別輔助廚房與客廳的收納。
3 長桌型吧台更適合洽談與在家工作，由於是和螢幕結合，桌下隔板後方，可規畫設備置放處。(場地／百慕達傢具)

餐桌＋餐具櫃

常用的餐櫃形式可分為兩種，主要的功能在於輔助廚房收納及展示：

Ａ玻璃櫃＋收納櫃：上櫃以透明玻璃門片為主，內有層架可展示收藏的杯盤組；下櫃以遮蔽式門片為主，可存放日常雜物或廚房用品。

Ｂ上下櫃＋中空平台：如果沒有杯盤蒐藏，上櫃可設計為層板櫃，做為擺放零食的乾糧區；下櫃以抽屜為主，收納平時使用的杯子、茶具等器皿；中間的內凹鏤空平台，則可擺放咖啡機、面紙盒或一些擺飾品，當作簡單的工作檯面及置物台。

1 上下櫃＋中空平台的餐櫃，也能延伸結合電器櫃。
2 餐櫃能分擔廚房的收納，也兼具展示漂亮杯盤的功能。

TYPE

3

共讀型

長桌＋多功能收納櫃

提供方便的閱讀和用餐功能是共讀型餐廳的重點訴求，除了需要一張運用彈性大的長桌，結合餐櫃與書櫃的多功能收納櫃，更是決定共讀餐廳好不好用、收納是否順手美觀的設計。

書籍和碗盤等餐具若一起在櫃子上陳列會有所衝突，因此掌握「書籍開放陳列、文件與餐具隱藏收納」原則，規畫上方開放層板書架、下方抽屜與門片櫃結合的餐櫃，依照物品大小分別收拾餐具、杯碗盤。在少了書房的情況下，餐廳以擺設書籍能成功營造書香氣氛。

1

1

2

1 長桌的一端設置電視書櫃，另一區是書櫃結合餐具櫃。
2 上方開放陳列書籍，下方當作餐櫃和零食櫃，不互相衝突。

Area 4

・強收納・

廚房

1.2 拉抽式的零食櫃，以及隱藏式冰箱，可以讓空間更整潔。(場地／昌庭)

廚房，把家收好的主力空間！

上層架、下抽屜，依格局形式規畫收納

廚房是居家生活的重心，亦是展現生活品質的主力空間，透露出居住者對於生活享受的在意程度，然而廚房的大小並沒有固定的空間佔比標準，意即小空間也可以擁有大廚房，主要是隨著個人重視度及需求而異。

廚房內的物品、小物件繁多，收納工作難度高卻也尤其重要，廚房收納除了運用廚具內的各種配件之外，一定要清楚掌握物品尺寸，並針對「尺寸」加強分類，才不容易發生要使用時找不到的狀況。

一字型廚房

一字型廚房通常適用於小坪數，礙於空間有限，只能利用一排廚具解決吃的需求，或是飲食傾向輕食的族群，因為料理方式簡單，不需要太大空間滿足煎煮炒炸等多元烹飪方式，也很適合此類型廚房。

一字型廚房的標準配備為：冰箱、水槽、爐子，一般來說，在水槽上或下方會再配有烘碗機，爐子上方則有抽油煙機；以尺寸來看，由於空間小，所有品項基本上都以小規格為主，廚具長度則不要超過240公分，以免距離太遠，進行洗切時水容易滴的滿地都是；水槽和爐子之間的檯面距離不能過短，才方便備料使用。

多排型廚房

多排型廚房可分為雙排型和三排型，其中雙排型廚房最為經濟實用，三排型則是國外常見的夢幻廚房代表，雙排型廚房特色在於廚房工作時，只要轉身就能做另一件事，不會手忙腳亂，就算兩人同時使用廚房也不擔心互相干擾。三排型廚房因為它擁有符合人體行進習慣的動線，讓料理步驟一氣呵成，烹飪過程更為流暢、順利。

L型廚房

L型廚房其實就是一字型廚房的延伸，當廚房坪數稍大、但規畫成多排型廚房又太小的情況下，順應空間條件，從一字型再轉個彎擴展為L型，增加使用及儲物範圍之餘，也多了能擺放小家電的檯面，整體而言，收納效益是被提升的，然而L型的轉角處，如果內部空間過於狹小、門片開闔有困難，也容易變成浪費空間的無用死角，是規畫時必須留意的細節。

中島型廚房

屬於開放式廚房的中島型廚房，檯面使用範圍大，雖然相對設備器具也多，但比起其他廚房類型，收納空間足夠使用，餐具、杯盤、食物都可以置放在廚房，不需要再仰賴客廳或餐廳的收納櫃分擔儲物量。

一般來說，大坪數的房子才有辦法規畫中島型廚房，但對於有特殊需求、喜歡下廚料理、願意捨棄其他空間坪數的屋主而言，只要能挪出3坪就可以擁有一個有中島的廚房了。

廚具櫃的 4 個好用概念

Point
1
廚具規格化助收納

廚房裡的物件品項、種類很多,在收納上需要利用配件輔助,像是餐具分隔板、保鮮盒等,因此廚具最好避免使用特殊尺寸,以30公分、60公分、90公分的規格化尺寸搭配組合,一來可因應空間彈性組裝,二來日後若要更換內部器具,也容易找到配件套用。

Point
2
物品分類功夫要確實

尺寸、大小及高低不一的廚房用品,如果沒有確實將物品做好分類,經常會發生要用時翻箱倒櫃找不到的窘境,因此一定要把物品依照尺寸分類,再規畫擺放的位置,如:餐具、碗盤、鍋具等以深淺抽收納,調味料等較高的物品,則擺放在廚櫃下層,清楚明瞭又順手好拿。

動線影響收納順手度

廚房的使用動線很重要，若動線設計不流暢，會直接影響到收納效率。廚房動線的最佳安排為：冰箱→水槽→爐子，從冰箱拿出食材至水槽清洗，不需使用的順手就可放回冰箱，待處理好之後再於爐子上烹調，料理完後的鍋子即可放到旁邊水槽清洗，不會「卡卡」的順暢動線，讓人能隨手完成收納。

烘碗機也能幫助收納

清洗鍋碗瓢盆是在廚房必做的工作之一，為了節省碗盤晾乾的時間，烘碗機已經是常見的配備了，其中落地型又比吊掛式的更為實用，只要規畫一個60×60的空間，深度連同鍋子都能放入烘乾，不用放在外面有礙觀瞻，造成視覺及空間上的混亂，且上方還能設計上吊櫃增加收納量，一舉兩得。

4種廚具櫃，
收納需求大不同

TYPE 1

一字型廚房

1 一字型的廚房，盡可能將上下櫃做足，充份利用空間。
2 壁面善用吊桿，吊掛常用的廚房用具，既不佔空間也方便。

廚櫃 + 吊桿

一字型小廚房裡，上下櫃間和兩側的壁面是不能放過的好地方，在不影響動作、動線下，可善用吊桿、掛勾、五金籃，吊掛常用的用具和抹布，或是加設一個折疊板，做為備料檯面；此外，還可以向上發展，在高度約180公分處設置層板，擺放乾糧、零食等較輕的物品。除了上下廚櫃內部基本的收納之外，有時還需要依靠矮櫃、或是餐廳的餐櫃加以補強收納機能。

2 | 1

TYPE **2**
雙排型廚房

深淺抽屜

雙排型下方的收納分區，跟著檯面上的功能走最順手。水槽屬於清潔功能，下方空間擺放清潔用品與分類垃圾桶；料理檯面下，設大深抽專門置入高瓶身調味料；爐區負責烹調，最好規畫三層由淺到深的抽屜，淺抽擺放刀叉匙筷、第二層中等抽屜收納碗盤、最下層的深抽放置大型鍋具；若有嵌入式大烤箱，則可在烤箱底層，設適合錫箔紙、烘焙紙的薄抽。兩排廚具間至少保留90公分，才不會因為太窄而需要閃身開抽屜。

1 雙排型廚房，增加了檯面使用空間，下方的收納分區也更清楚。
2 將分類垃圾筒與拉抽結合。(圖片／IKEA)
3 L型的櫥櫃轉折處剛好可以用來放置小家電，也等於多了收納空間。廚具轉角下方可使用拉籃輔助收納，一點也不浪費死角空間。

TYPE **3**
L型廚房

直立式電器櫃

多了短邊的收納空間，可以將電器櫃與乾糧區整合在一起，使廚房會用到的物品，都能被便利拿取使用。電器櫃的設計，建議電器不要放置在會吊手的高處，否則拿取熱食容易燙傷，最好上層用來當作零食櫃。L型檯面上的直角處其實不太好利用，直接放置一個小家電是很實在的方式；下方廚櫃內則可以利用轉角輔助拉籃收納。有些L型廚房設計水槽和爐區在不同邊，記得下方收納跟著檯面功能走就對了。

TYPE

4

中島型廚房

電器牆

近年生活習慣改變，中島廚房頗為
流行。中島廚房非常著重美觀，開
放式同時意味著一眼能看透，因
此檯面下的收納規畫就相形重要。
通常中島後面會搭配一整面的電器
牆，收納分區掌握兩大方向：食物
類收在電器牆、用品類收在中島檯
面下，再跟著功能進行小分類。電
器牆除了電器外露，大部分最好用
門片和抽屜把雜物藏起來。中島的
對外側，下方可以內縮為吧台，也
可以設收納櫃輔助餐廳、客廳，或
是設計開放層板做為展示架。

1 中島檯面下的設計，亦可分為對內廚房收納、對外為展示架。
2 類吧台的中島，兩面皆可收納，對外取代餐櫃擺放茶具、餐具，或是放置
  生活用品。

· 雜收納 ·

浴室

1 浴櫃規畫別忘了適量的抽屜櫃，小物一目瞭然。
2 鏡櫃選擇有秘訣，可以是左右對開方便化妝。（場地／昌庭）

浴室，瓶瓶罐罐與毛巾的匯集地
以不同坪數思考浴櫃的多寡配置

浴室是每個人至少每天早晚都一定會使用到的地方，待在裡面的時間雖然不長，但頻率卻很高，如果環境、動線規畫的不好，心情可是會大大受到影響的！

浴室裡的瓶瓶罐罐不少，是需要做好物品管理的收納重地，雖然衛浴空間走向寬敞是居家設計的趨勢，然而若是沒有事先依照浴室的形式、坪數大小，做好符合空間型態和生活習慣的收納設計和物品掌控，浴室再大恐怕也顯得雜亂無章。

1坪浴室，一樣好收納

所謂的標準型浴室，指的就是配有馬桶、臉盆、淋浴三件式的基本款，因為在整體空間有限的條件下，只能挪出大約1坪左右規畫，不過可別小看這個僅有1坪大的浴室，雖然空間不大，無法容納得下浴缸等設備，但是在配置得宜的設計下，也可以選購到屬於小浴室的收納設備，你會發現，浴室只有1坪就很夠用了！

2坪浴室，增加浴櫃方便更衣

2坪浴室為目前最為常見的大小，通常會加入浴缸設備，空間運用比起最基本的1坪浴室，多了更寬裕的收納方式。空間較大，並非意味著用品也可以理所當然跟著變多，審視自己的衛浴用品，是不是會發現洗面乳、洗髮精、沐浴乳都超過一種以上？別忘了要控制衛浴用品在基本使用的瓶數內，此外，收納用品的櫃子不做滿，才能讓浴室感覺更寬敞明亮！

3坪以上浴室，結合化妝室功能

當浴室空間擁有3坪以上時，代表這個空間可以有更多可能，例如加入泡湯、SPA、三溫暖、閱讀等等的享樂元素，更重要的是，現代多為雙薪家庭，男女主人早上都必須趕著出門，雙面盆能提高生活效率；而職業婦女通常又得化妝、卸妝，運用浴室收納設計，整合梳妝用品，就是一間非常好用的化妝室，可以取代設在臥室的梳妝台。隨著加入的種種功能與同時的使用人數，這時候收納方式也必須跟著配合，才能達到最有效率的使用。

浴室櫃的４個好用概念

Point

1

架高，避免水漬沾染瓶罐

不少浴室空間會見到將沐浴乳、洗髮精直接放在地上，然而，潮濕的浴室容易產生霉斑，加上淋浴時地面上殘留的水漬，都會讓瓶身孳生細菌，經手接觸到皮膚，因此，使用層板、或瓶罐架，將沐浴用品離地架高置放，較為合適。若再講究些，還可以另外採購風格統一的容器，用完再補充的方式，會讓浴室更齊整。

Point

2

乾區、半濕區，物件分區置放

浴室裡會出現的不外乎是盥洗用品、衛生用品和梳整器具，在收納時，得先考慮物件是否常會沾到水氣。像牙膏牙刷、刮鬍刀這類東西，屬於半濕物品，需避免櫃內收藏，得安排較通風的層架平台擺放，以便風乾；至於保養品、衛生棉等，則置放在乾爽的櫃內，不會輕易弄濕，造成變質。

Point 3
吊櫃，小浴間好幫手

針對坪數較小的浴室，吊櫃的搭配可說是小兵立大功，只需要壁面的小小角落，同時也比組合式五金架的收納更為俐落清爽。而對於沒有面盆櫃的傳統浴室，自行安裝吊櫃，是十分容易的事，在裡頭擺放吹風機、梳子等用品，免除零零落落的雜亂之外，有的甚至可以在裡頭設置面紙盒抽取口，將衛生紙都一併收納了。

Point 4
結合櫃體，面盆、鏡面別錯過

臉盆和鏡子是浴室裡常用的衛浴設備，也是收納上的好幫手！利用臉盆下方及鏡子後方的空間，挑選臉盆櫃和鏡櫃，臉盆櫃可擺放吹風機和衛生用品，鏡櫃則可收納保養品瓶罐，一點都不浪費空間。

3種浴室櫃組合，
收納需求大不同

TYPE
1
1坪浴室

小型臉盆櫃＋鏡櫃＋吊櫃

基本單元的浴室較小，得善用原本設備和壁面延伸出收納空間，才不會壓縮到浴室。最能發展收納機能的就屬鏡櫃和臉盆櫃了，鏡櫃只需15～18公分，臉盆櫃則直接沿著洗手台向下發展，若家裡有小朋友，可抬高約30公分放入小板凳，方便墊高洗手；另外，善用空牆面或櫃體側邊拴上吊桿，增加吊掛毛巾、浴巾、捲筒衛生紙更方便，馬桶上方空間也可以加淺櫃，收納衛生用品。即使浴室只有1坪，也應該想辦法做乾濕分離，所收納的東西也不易發霉。

1　坪空間的浴室，臉盆櫃和鏡櫃最好用，不會多佔空間。

2　分割臉盆櫃收納空間，側邊可用來放衛生紙。（場地／昌庭）

3　馬桶上方空間若夠，小吊櫃能幫忙增加收納。（場地／昌庭）

4　利用壁面增設層架，也是小浴室的好幫手，此外，面盆下的櫃體退掉，可讓家中使用輪椅者盥洗更方便。

1 轉角善用三角籃，增加淋浴
　區和浴缸區的置物空間。
2 可以利用延伸的洗手檯面增
　加直立式浴櫃，不會有獨立
　櫃體的龐大存在感。
3 調整活動層板，大小毛巾都
　能收，結合貼身衣物抽屜，
　增加洗澡便利。

TYPE

2

2坪浴室

中型臉盆櫃+直立浴櫃

由於空間較大，臉盆檯面也能選擇中型，使用起來更方便。此時檯面下的臉盆櫃跟著增加收納空間，除了抽屜、門片，還可以配合深抽、開放層板的形式。建議利用延伸的檯面做出直立式浴櫃，上方規畫活動層板擺放大小毛巾，下方做淺抽，收納貼身衣物，洗完澡就能直接換上，不會發生忘記拿的窘況。淋浴和浴缸區可以在牆角處使用三角籃，擺放沐浴乳、洗髮精、入浴劑，如果牆面能有10公分內凹設計，當作置物區也是不佔空間的作法。

雙盆櫃＋淺抽

雙盆櫃檯面長度約要有150～180公分，收納方式能夠清楚地以使用的人來分邊收納，最為有條理。若要運用為化妝室功能，臉盆櫃最好以抽屜形式為主，依照保養品、化妝品的尺寸，設計不同高低的抽屜，分別收納面霜、噴霧罐等等種類。鏡櫃也很好利用，方便同時整裝，淺鏡櫃也適合收納各自的小用品。假如希望泡澡時閱讀，可另外擺入放書報雜誌的隔板或矮櫃，浴缸邊緣留30～40公分寬的平台，可以做為放書、放杯子的地方。

1 雙盆櫃的分區收納非常清楚，中間則可以收納共用物品。
2 大浴室的收納足量即可，此外，浴缸旁設置寬平台，也可置物。

種下梧桐樹

引昌

· 多功收納 ·

書房

1

2

1 書櫃的層板切割採用不同尺寸,可以讓大小不一的書齊整擺放。(圖片/百慕達傢具)
2 書房不一定非得要有書桌,也可以家人互動主題來規畫。
3 客廳後方的獨立書房透過玻璃可直接透視,選用白色書櫃,意在避免空間的色彩凌亂。

書房，把書和文件、設備文具好好放進來
只要書櫃在，就算沒隔間也能聚文氣

關於書房，並不需要硬性劃分出制式的專屬空間，也可打破一定要有書桌規定，但從家中找出一個適合的位置，讓全家人能在此共讀、共用絕對是必要的。不妨將電腦、網路也集中在這裡，一方面讓電器的磁波不入臥室，也讓孩子不要整天待在房間上網，成為不與家人互動的宅男、宅女，也是書房很重要的功能。

在書房的規畫上，不妨可以從幾個類型著手。

獨立式書房，書展示文件隱藏

如果你是需要在家有屬於自己的閱讀空間，獨立式書房，會是最適合不過的了。

一般的獨立式書房，往往是從公共空間盡可能切割出來的區域，坪數不大，約莫3坪，或以狹長空間為主，因此，書桌和書櫃在位置設定，以及設計手法上都會特別處理。狹長型書房適合以ㄇ型排列規畫書桌與書櫃，達到動線順暢與坪數最佳利用。書桌長度，則視使用人數設計，一般來說會利用長邊設一道長桌供雙人使用，後側則規畫整面書櫃，短邊搭配抽屜櫃。若是方形書房，桌子擺放位置可較自由，但得注意線路隱藏問題。

獨立書房必須注意封閉感及壓迫感，除了書櫃把握「書籍展示、文件隱藏」的藏露比例，還能運用玻璃隔間適當的穿透性解決。

開放式書房，大面書牆展示書香

對於喜歡空間寬敞的人來說，和公共空間沒有明顯界線的書房，是最受歡迎的設計；對於家人之間互動頻繁的家庭來說，可以一起共用、不需要太多隱私的書房，是最貼近生活的設計，符合這些需求的設計，就是開放式書房！

通常於沙發後方擺上書桌書牆、或在餐廳書桌餐櫃共用，是最常見的開放書房結合區域手法。開放式書房最大的特點，在於可以融入整個空間之中，大面積的書櫃就成了設計重點，要保有櫃體本身的置物功能，又得兼顧視覺、風格上的質感，書櫃的收納美感和造型變化，是開放式書房在設計上最大的挑戰。

多功能式書房，彈性運用機能櫃體

站在坪數和房價成正比的角度上，書房如果只是單純地拿來擺書、看書，平常使用頻率並不高的情況下，老實說是非常浪費的，但若是能賦予書房其他用途，像是客房、工作室等，發揮空間使用的極大值，是不是就划算多了呢！

在收納機能的規畫上，若書房兼客房時，需要有存放棉被、枕頭和衣物的地方；書房兼工作室時，資料文件的數量會比書籍來得多，也會造成較多的凌亂感，書櫃的設計就要有所改變，如此一來，書房就能像變色龍一樣，隨著環境需求想怎麼變就怎麼變！

書櫃、設備櫃的4個好用概念

Point

1

書櫃要有一定比例的門片

書櫃的功能是收納和展示，因此不建議設計為全部遮蔽隱藏，應該要有部分開放，虛實之間製造層次感與透視效果，但千萬別以為完全開放會更有穿透感，因為書房會有零散的文具、棋類玩具等瑣碎物品，甚至是較亂的檔案文件，還是得藏進櫃子裡才不會顯亂。

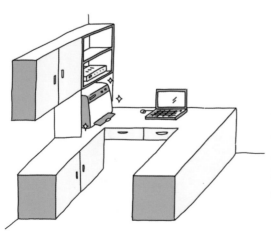

Point

2

印表機、事務機，設備也要好好收納

書房裡會有電腦、印表機、事務機，甚至監視器、IP分享器等設備，這些機器如果全部裸露在外，也會造成視覺上的混亂，可以在書桌旁側邊製作一個側櫃，或是桌與邊櫃形成的凹槽，專門收納機器，不僅能統一集中管理，日後維修也方便。

收納盒選擇同系列

沒有門片的開放式書櫃,可以運用收納盒擺放一些雜物避免雜亂,如果擔心美感不夠好、不會搭配,建議挑選同一系列或同調性的款式最佳,一方面能維持視覺清爽,另一方面也以防亂買之後反而造成亂源的可能性。

收納分類不用太細

分類是收納的前置作業,先把物品分類好,之後的歸位就會輕鬆許多,在書房物品的分類上,以「大項」做為原則即可,例如:可分成「書籍」、「文具」、「玩具」、「畫具」等,除非數量很多,否則不需要再細分「剪刀」、「尺」、「鉛筆」、「原子筆」,分得過細又放不滿,反而造成浪費空間的困擾。

3種書房櫃組合，收納需求大不同

TYPE

1

獨立書房

抽屜書桌＋層板＋門片櫃

先審視會擺在書房的東西，如果書籍佔大多數，開放式層板要較多；若是文件資料類多，例如從事財務金融的屋主，就適合大量附門片的收納櫃與深抽。整體來說，書桌下方最好要有深淺不同的兩種抽屜，淺抽用來擺放文具，深抽則用來收納文件袋與資料夾；書櫃以層板和門片互搭為主，書外露於層板，常看的放置於好拿的中段，久久看一次的收藏用書置於高處，下方門片櫃則可儲存資料，把雜亂藏起來。書櫃的活動層板跨距不要超過60公分，以免時間久了，出現承重力不足的「微笑線」；如果一定要超過60公分，則必須增加隔板厚度以加強支撐力，書櫃才能達到收納展示的實用性。

1 書桌的規畫，也包括了線路的隱藏收納。
2 書桌側邊的深抽可用來擺文件，書桌淺抽則用來收納文具及瑣碎的小物件。
3 層板、門片皆有的書櫃可讓好看的書外露，雜亂就藏進門片櫃裡。

TYPE 2 開放式書房

門片櫃 + 活動層板 + 規格化文件盒

開放式書房最適合擁有大量展示出來整齊美觀書籍的屋主，利用外觀漂亮的書籍做為裝飾，不但好看還能增加書卷氣，展現空間品味。如果漂亮書籍沒那麼多，為了要完全和整體空間結合，書櫃最好以門片櫃為主，避免空間被過於複雜的書櫃線條所切割變得太瑣碎。

當然櫃子所呈現的美感也需要注重，喜歡整齊秩序感，雖然層板可活動調整，最好每格都能維持水平線；喜歡變化，可藉由高低、大小不同的收納格組成。假使文件資料較多，也想放在開放書房中，最好選擇同規格、色系的文件盒置於層板一字排開，分類清楚明瞭也顯得整齊。

1 文件資料以規格化的資料盒陳列收納，清楚又美觀。(圖片/IKEA)
2 餐廳結合書櫃，是最便利的組合。
3 沙發後方就是書房。有大量美觀整齊的書籍，適合用開放式書房展示。

TYPE

3

多功能書房

衣櫃 + 掀床 + 吊櫃 + 線路櫃

常見的多功能書房，可以分為結合客房與結合工作室兩種。

書房結合客房：

首先評估空間大小以及做為客房的使用率是否頻繁，若頻率高，可在靠牆處設計臥榻，坐墊下方收納棉被、衣物，方便拿取；若頻率偏低，可考慮搭配側掀床，把棉被、衣物放在床下。

書房結合工作室：

工作室收納需求量與種類，會比一般書房更大，必須利用各式收納櫃分類清楚，例如5公分厚度的淺櫃放文件和紙張。以大量深淺抽屜、文件櫃、吊櫃為主的工作室，在個人工作桌周圍的抽屜和吊櫃是個人資料區，中間所設的分野櫃體就屬於公共資料。吊櫃下方與抽屜櫃間做出中空檯面，適合放電腦周邊設備。至於線路，設備種類多，可在書桌下特製透氣孔淺櫃，專門收納線路，也便於管理和維修。

1 雙排書桌適合人數較多的工作室型書房，並增加文件盒容納更多資料。

2 利用牆面設置吊櫃，增加個人文件收納區。

· 重裝收納 ·

臥室

1　也可將各人喜好考慮進來。
2　一字型衣櫃可在側邊追加收納區。

臥室，別讓衣物變成吃床怪獸
依坪數大小，定位衣櫃與更衣室

臥室是讓人能休息、睡眠的地方，房間本身不用太大，但收納機能一定要強大，不然一不小心就被衣物、個人物品淹沒了，更嚴重一點可能還得「接收」從公共空間而來的雜物，最後變成一個堆成一團的倉庫。

衣櫃和更衣室是臥室最主要的兩個收納空間，基本上，50坪以上的居家空間較適合規畫更衣室，臥房要有9坪大才能容納一個功能齊全的更衣室，換句話說，小坪數並不建議規畫更衣室，因為當空間被切割後，會顯得更窄小。

具體來說，衣櫃與更衣室的安排的規畫，要以臥室坪數做為依據：

2～3坪小臥室，足量收納即可

對大約只有2～3坪使用空間的臥室來說，因為空間狹小的關係，臥室只能有一面衣櫃，如果為了收納而在兩面牆壁都做作衣櫃，整個房間會變得又擠又小又壓迫，因此在兼顧空間感和實用性之下，只能在床鋪的對面或右側，也就是和入口同側處，規畫一排深度約60公分、內部以吊桿為主的高櫃，另外，可再搭配五斗櫃或掀床合併使用，以增加收納空間。

4～5坪中型臥室，櫃規畫宜深淺互用

主臥若有4～5坪的大小，規畫兩排衣櫃就不會顯得空間太擠了！這兩排高櫃可以安排在床鋪對面和右側（入口處），以一排深櫃搭配一排淺櫃或矮櫃為主，如果是夫妻倆，可分成男女主人櫃，如果是單身，一櫃可用來當作換季衣物收納用；除了衣櫃、窗邊或入口側高櫃旁，都還可以再添購適合擺放衣物、高度不超過120公分的抽屜型矮櫃，或用來收納包包的層板櫃，就能解決臥室收納空間不足的問題。

8坪以上大臥室，更衣室是王道

目前常見的更衣室大多規畫於臥室房間中，有的有門片，讓它自成一格，有的則是開放式設計與臥房融為一體，更衣室有無門片並無一定好壞，但卻會影響衣櫃的設計：

· 有門片：屬於獨立式的更衣室，衣櫃可以不需要門片，一目了然、拿取方便，也省掉開關櫃門的麻煩和碰撞，只要關上門就能避免雜亂外露。

· 無門片：具有完整的區域與空間，但每個櫃體仍需要裝設門片，才能以防外來的灰塵，且能避免直接看到櫃內衣物，維持房間內的整齊、美觀。

但如果更衣室靠近臥室衛浴，衣櫃一定要有門片，才能防止濕氣侵襲，保持衣物的乾燥。此外，因不影響房間視覺，更衣室的櫃高較無限制，櫃子高度可做到與天花板貼齊。此外，櫃體的深度設定為60公分，裡面可大量裝設吊桿，讓大衣、洋裝都能直接吊掛收納，清楚易取。

衣櫃的 4 個好用概念

Point
1
男女衣櫃分開規畫

由於男女的衣物類型和尺寸不同,如果衣櫃要滿足兩人的襯衫、長褲、洋裝、大衣等需求,有時只能折衷處理,無法100%適用,因此最好能將男女衣櫃分開置於兩區,同時更衣也不影響。若空間有限,可以衣櫃門片區分,內部設計再照男女衣物調配即可。

Point
2
吊掛衣物易取放,最適收納厚重衣物

衣物是臥室數量最多的物品,雖然衣櫃裡有層板、抽屜可以收納,但當臥室坪數不大、衣櫃空間不足時,櫃內可以吊桿為主,特別是厚重衣物,讓衣物以體積最小的吊掛方式,同時取放順手,一目瞭然,此外,收納下方空間還能再擺放收納箱或其他物品,提升儲物量。

棉質衣物多,抽屜就要多

像T恤、內衣褲、襪子等棉質衣物不適合吊掛,還是會以折疊為主,建議可添購現成的收納抽屜,擺放在吊掛區下方或層板上,可隨意調整位置、看起來又整齊,或是利用現成的家具,如五斗櫃或抽屜矮櫃,做為臥室收納的好幫手。

機能五金,收物省力省空間

衣櫃裡的功能分隔可以簡化如吊桿、層板,也可以更具機能,只要善用五金,就可以創造出不同的可能性。例如置放折疊衣物的拉籃、升降式吊衣桿方便取衣、或是在L型衣櫃的轉角,規畫五金旋轉籃,甚至還可以將燙衣板做成拉抽式……,透過不同的五金配件,創造衣櫃最大的收納效益。

3 種衣物櫃組合，
收納需求大不同

1 一字型衣櫃不將門片做滿，而是以1/3的開放式設計，擺放書籍或是希望隨時拿取的物件。
2 上下櫃輔助一字型衣櫃，避免整面做滿的壓迫感。

TYPE
1
2～3 坪

一字型衣櫃

一字型衣櫃內部以吊桿為主，下方可用抽屜矮櫃，或是旁邊再做出上下櫃來輔助，分類摺疊類或換季衣物。亦可選擇適合的現成活動抽屜矮櫃搭配，高度不會造成壓迫。上下櫃以上層板、下抽屜、放生活物品的中空平台組合而成，只需30～40公分厚度，一樣能避免臥室空間過於狹窄。

利用家具本身製造收納空間，上掀床和床頭櫃也是常見的方式，放置較少拿的換季衣物或是大型棉被枕頭。但如果床尾走道寬度會被壓縮，建議在床旁邊擺放化妝桌取代床頭櫃置物功能。

雙牆式兩側櫃

一般來說，一個衣櫃的左右寬度是120公分，若長度無法再設一組衣櫃並列，可加設一個寬度只需60公分、吊掛長大衣的櫃體，並用下方空間設置兩三個深淺搭配的抽屜，淺抽適合放襪子之類的輕薄衣物，深抽就適合放比較蓬鬆的毛衣。

另一牆櫃體，則以抽屜、層板、吊櫃互相搭配組合，層板適合放毛衣、牛仔褲等摺疊衣物，吊櫃可將雜物、較挺的包包一併收納。由於吊掛衣櫃需要較厚的60公分深度，以層板抽屜為主的櫃則深度約40公分即可，得依空間情況配置於兩側。

雙牆式兩側櫃，搭配組合出適合使用習慣的收納形式。

獨立更衣室

一間獨立更衣室需要2～3坪，視空間形狀與內部規畫可分成ㄇ型與中島更衣室：

ㄇ型：2坪就能做出一間獨立更衣室，適合長形空間。注意走道必須留至少75公分才方便開門拿取衣物，通常以吊掛、層板為主，再搭配臥室內的抽屜櫃收納。

中島型：需要3坪以上的方形空間。中間收納展示檯面，以玻璃展示飾品，一目瞭然，下方雙面抽屜，專收外出皮帶、領帶等小型配件。周圍更能以多元收納形式互相搭配，多抽屜最好收。另外規畫開放角落，吊掛穿過的衣物。

1 中島型更衣室收納形式充足，分類清楚，另可規畫開放式吊掛穿過的衣物。
2 只需2坪，就能擁有ㄇ型更衣室，注意走道寬度要足夠。
3 內部設置活動層板，依照衣物自由調整，門片掛上鏡子就是穿衣鏡。

Area 8

· 親子收納 ·

兒童房

1

2

1 替孩子規畫衣櫃，讓孩子開始學會生活
　自理。(圖片/IKEA)
2 小桌几也可以成為玩具抽屜。(圖片/
　IKEA)

兒童房，依孩子年齡規畫收納
從玩具櫃到書櫃，練習從小就學會把東西擺好！

很多父母心中都會有一個疑問：「孩子還不敢自己睡覺，有需要給他一間兒童房嗎？」、「孩子平常都在客廳玩，兒童房空著的時間很多，不會很浪費空間嗎？」這些問題的答案只有一個：「不管房子大或小，都要有一間兒童房，而且至少要2坪！」。兒童房不只幫助整個居家空間更整齊好收拾，更能從小教導孩子正確的收納、負責觀念，培養獨立個性。給孩子專屬空間，孩子會感到被尊重，日後將懂得如何尊重身邊的人事物。

2坪大的兒童房，只能容納必需品，例如：常穿的衣服、常玩的玩具等，如果是小baby階段，可以準備好泡奶用具，其他物品必須分散至其他空間收納；2坪以上的兒童房，就可以擺放衣櫃、玩具櫃和小桌椅，讓房間功能更齊全。

此外，孩子在6歲之前，需要父母大量陪伴，並提供隨時可以互動的安全感，不妨以開放式設計取代密閉式空間，擴大兒童房的使用用途，就能解決空間閒置頻率高的困擾了。

0～6歲，兒童房收玩具

0～6歲指的是學齡前期的階段，這時期的收納主要以玩具為主，也是家長最頭痛的事，最常聽到這樣的抱怨：「孩子把玩具散了一地，我要跟在後面收，還沒收完，他又把其他玩具搬出來了！」這種「永遠都收不完、收不乾淨」的煩惱，其實多半來自於父母本身，因為對孩子的寵愛，玩具越買越多，再加上親朋好友也會送玩具，以致於造成收納上的困擾，如果房間裡只放剛剛好的玩具，並適時帶著孩子一起收拾，教他們把玩具送回自己的「家」，兒童房就不會老是亂糟糟的了。

6～12歲，兒童房收文具與課本

6～12歲指的是學齡中期的階段，這個時期的孩子進入小學上課，除了書本的數量開始增多，文具、學校裡會用到的物品也變多，收納型態有了大幅且明顯的轉變，同時，收納物也會因為性別而有不同，小男孩會有籃球、足球等運動器材，小女孩則會有髮圈、髮箍等小飾品，所以兒童房的收納規畫也必須順應孩子的變化進行調整，提供一個適合的環境給孩子，讓他們自然而然學會順手收納。

兒童房收納櫃的4個好用概念

Point
1
以活動式為主，未來仍可重組使用

孩子的成長速度快，兒童房內的家櫃子或其
他家具，最好以可拆卸、好搬動的活動式為
主，能因應孩子的變化而隨之調整位置、
高度等，或是可在日後改成父母可使用的家
具，才不會隨著孩子長大而廢棄不用。

Point
2
衣櫃下方，孩子可拿取的收納區

由於身高限制，兒童房的衣櫃主要以下方
為收納區，上方先以活動層板為主，日
後依需求可拆卸，換成吊桿。此外，小孩
子的衣物類型與大人不同，大多以摺疊為
主，櫃內的吊掛區不需要太多，約佔60
公分寬擺放幾件外套就夠用，其餘空間可
配置抽屜、收納格，做髮飾、襪子、玩具
的收納區，方便小孩子自行拿取、也讓他
們開始養成收拾習慣。

3
以盒籃收納玩具，不用細整理

小孩子最多的東西就是玩具了，不光是品項、種類繁多，尺寸、形狀也不一致，基本上是很難收納的物品，再加上這些玩具經常要被拿出來玩，不可能收拾好束之高閣，所以玩具櫃最好以盒子或籃子為主，可以把積木、車子、球類玩具通通丟進去，要玩的時候拉出盒子或籃子，好收拾又好取放。

Point

4
櫃的高度與配置，考量孩子的身高

玩具和童書是兒童房必備、孩子幾乎天天都會使用的物品，但其中一定會有某一些是最喜歡、最常用的，為了讓他們方便拿取，這些常看的童書、常玩的玩具，應該放在玩具櫃的下層，以符合孩子身高拿得到的地方為主。

2種兒童收納櫃型，
收納需求大不同

TYPE
1

0 ～ 6歲

矮櫃 + 抽籃 + 淺層板櫃 + 吊籃

玩具是此時期最主要收納物品，以孩子伸手可及的高度分上下兩部分，大約抓100公分，以下用矮櫃搭配抽籃是最好收的組合，玩具可分大類放入抽籃，拉開就能拿到，收拾時只要丟進籃子非常方便。上方適合開放式淺層板櫃，收納兼展示孩子塗鴉、黏土作品，或是小車子、恐龍之類的玩具。也可利用牆面吊籃收納絨毛娃娃類，如果孩子有過敏體質，不妨選擇開洞式收納法擺放絨毛娃娃，即在櫃門片開圓孔，再加上透明壓克力封孔，即可看到展示的玩偶。

1

1 以孩子伸手可及的高度畫分上下收納
　區，適度搭配小椅子輔助。
2 上方的淺層板櫃，適合用來收納兼展
　示玩具或美勞作品。（圖片／IKEA）
3 牆面利用吊籃，方便收納零碎的小玩
　具。

2

3

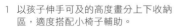

書桌＋活動層板櫃＋衣櫃＋小抽屜盒

收納物品轉以課本、文具為主，需要一張有抽屜的書桌，善用現成分格盒擺放各類文具。書桌旁可規畫一個側邊櫃做為書櫃，由於童書規格多，活動層板書櫃最實用；高處則一樣可展示孩子的大作。建議在這個時期將衣櫃規畫進來，以下半部孩子方便自己拿為主，媽媽只需協助上方拿不到的空間用來放換季衣物。視孩子的物品種類，選用壁面裝設造型活潑、鮮艷可愛的掛勾輔助，吊掛帽子、項鍊等小飾品；髮飾類小物則可放小抽屜盒，不易散亂也容易拿取。

1 童書、課本規格尺寸不一，書櫃選擇活動層板好收納，部份櫃格採門片設計，整體感覺較整齊。(圖片／IKEA)
2 書桌旁可規畫側邊櫃，收納書籍。(圖片／IKEA)
3 壁面選可愛的掛勾，方便收納帽子、外套。

CH4

設計師私房櫃設計大公開

櫃在好用！
5款機能型系統家具＋6大空間好櫃設計

「我真的很努力收了，可是為什麼……還是收不好？」看著書上美美的示範案例，為何親自操作之後，怎麼看就是「與圖不符」，到底是哪裡「歪樓」了？收納之友請不要放棄，立馬奉上急救大補帖，找出阻礙收納進步的盲點，讓你收得整齊、收得乾淨、收得漂亮！

就像世界上沒有100%完美的婚姻，櫃與物之間的愛恨情仇得靠智慧來解決，而首先要從「櫃的設計」著手思考。在此，就不得不特別提到近來系統櫃的彈性變化，可針對空間的侷限做補強，從原先的笨重大量體，逐漸轉向高機能、輕巧化。

但在此之前，使用者理當要先進行自我物件清點，需要多少容量、選用多大的櫃體……等等，定義了整座量體之後，再來就可以思考系統櫃怎麼組合。由於系統櫃的組合直接關係到整個立面的分割比例，例如用門片櫃加上開放展示書櫃，足以化解一大座櫃子的壓迫感，也歸納出收（隱藏）與放（展示）的區域，使系統櫃不只是立體倉庫，而令人感覺舒服與賞心悅目的物件。

從櫃外到櫃內，綜觀市售系統櫃的收納方式，不外乎就是層板與抽屜兩種。除非必要使用到抽屜櫃的物件（例如：貼身衣物、遙控器、刀叉餐具等瑣碎細物），我一律會選擇層板櫃，因為這是最具靈活與變化性的用法。

但是，光是層板還不夠，要真的好用其實有幾個訣竅：

①內部收納配件：首先要善用「配件」，所謂配件即是利用日用百貨或五金行販售的收納盒、掛鉤、網籃，將通用性的櫃子變成完全適合你家物件的樣子。收納盒運用得當，雜物也能分類歸檔，若再加上標籤識別，更有助於好收好找。

②吻合收納尺寸：至於「尺寸」則是關係到怎麼把收納盒用得漂亮。在選購層板櫃前，我的第一步是先上網研究各種收納盒，針對雜物類型選定適用的盒，再依照盒子大小回推櫃子尺寸（通常80公分寬都滿適用的），如此買來的收納盒就能完美塞好塞滿，不會有尷尬縫隙。

③適切收納風格：學會用收納盒，還要再學升級版，老話一句就是「風格！風格！風格！」雖然收納盒大多藏在櫃內，但打開也是一種風景，或者日後要轉換到開放層板使用，盒子就關係到空間的風格了。市售收納盒品牌不少，木質療癒風可用無印良品，北歐風可用IKEA，美式居家可用ZARA HOME，而HOME BOX或網路商店也有販售價格親民的收納盒。

好收納讓你置身天堂，始終覺得收納是美學的基礎，透過賞心悅目的收納，賦予日常生活源源不絕的小確幸，這才會讓人想繼續「收」下去！而以下的櫃體，是我多年的經驗與思考，運用系統板材、透過預先規畫，所創造出兼具美感與機能的櫃設計……

1 旋轉鞋架櫃
讓鞋櫃多兩倍收納！

一般傳統鞋櫃高度160公分、寬度85公分，大約可以做8層，一層能擺4雙鞋，最多只能容納32雙鞋。但如果使用旋轉鞋架，以「之」字交錯層板，就可使收納量擴增2倍。

此外，可將鞋櫃桶身抬高離地20公分，讓掃地機器人能夠進出作業，也讓櫃底的透氣孔可以換氣，抬高的空間還可以收納隨穿的室內拖鞋。

桶身深度部分，我也稍微增加為38公分（含門片），以便在旋轉鞋架後方背板鎖上吊鉤，可以掛雨傘、掛鞋拔；此外壁掛收納也可運用在內門片，裝上壁掛拖鞋架，又可以多放幾雙室外拖。

旋轉鞋架櫃內可安裝五金掛桿，放置雨傘與鞋拔。

特別提醒：
靴子是鞋櫃最難駕馭的物件，倘若靴子的數量不多且穿著率不高，建議將靴子裝在鞋盒收納，但如果是特別愛穿靴子的人，設計鞋櫃前就要先盤點數量，預留靴子的收納空間。

2 收納型工作桌
櫃桌合一，小空間最愛！

針對小空間所規畫的邊櫃，其實內藏玄機，善用系統櫃的溝槽軌道與滾輪五金，有工作需求時，只要將側邊櫃拉開，桌板即刻出現，成為完整的工作桌，不需要時，也可輕易回復成收納櫃。

收納型家具並非新玩意兒，早年不少室內設計都曾提出設計，不過未能造成流行的原因，主要是當時都是木作訂製，不太適用於輕裝修空間。現在，同樣概念轉換到系統櫃，使系統櫃可以家具化，除了移動輕巧，也更加符合現代生活型態。

櫃體側邊把手一拉，隨著滑軌出現了隱藏桌板，櫃子本身也具有文件收納功能。

選配式電視櫃
讓櫃牆像家具一樣彈性調整

系統櫃電視牆最重要的設計觀念在於「比例」，如何把系統櫃組合得漂亮，總結多年的經驗，門片式隱藏櫃加上開放式書櫃會是簡單又不易失敗的作法。此外，在門片櫃與抽屜櫃之間加入黑鐵書櫃，跳色分割的立面表情，變化更為多元，不會給人死板板的感覺。

至於電視上下的抽屜櫃與吊櫃，下方抽屜櫃的高度要盡量降低，上方吊櫃高度則在150公分左右，視覺最不壓迫。另外，是否注意到上下櫃的不對稱設計？

透過抽屜櫃不切齊牆，底板延伸出來的「留白」，其實是用來擺盆栽、插花或藝品，讓電視牆看起來更加賞心悅目。

在色彩運用上，建議大櫃盡量避免深色系，減少視覺負擔感，但電視背牆則可因應黑色電視面板，而使用深灰色系來調合，櫃面使用無把手的門片，也是減少凌亂感的必要設計。

同樣的電視牆櫃，由於是使用系統櫃體，每一個量體其實都是獨立可調整，若空間調件改變，還可以依照牆體大小、個人喜好不同，撤掉左側的直立門片櫃，或鐵件展示櫃，縮小電視牆的規模，反之亦然，若需要增設櫃體，則一樣可以模組化的概念添加櫃子。

電視上方櫃體為上掀門片，左側以1/3、2/3的鐵件書架和門片櫃搭配。門片櫃內80cm寬，放上一般市面常見的收納盒正好。抽屜櫃旁預留花器擺飾位子。

特別提醒：
設計電視櫃之前首先要確定自己會用的影音設備有多少，可依照需求將抽屜櫃改為開放層架或玻璃門片。

4 全能吊掛半高櫃
內藏桌板，一秒變吧台

一座吊掛半高櫃隱藏了四項功能：雜物櫃、飲料櫃、雜誌櫃，以及迷你吧。左側層板櫃設定收納雜物，物件可利用收納盒分類，收整一目瞭然、不凌亂。中間的飲料櫃，層板的高度與深度符合易開罐或寶特瓶尺寸，利用門板網籃充分利用剩餘空間，開瓶的烈酒可以直立收納。最重要是，秘密隱藏的拉抽桌板，便於調製準備飲料，使餐櫃可以變身為增添生活情趣的迷你吧。

取自托盤靈感的下凹櫃面，具有物件不易掉落的好處，也有助解決視覺凌亂的問題，遙控器、鑰匙、信件等瑣碎物件可以隱藏起來。櫃底抬高20公分，掃地機器人通過不障礙，整箱飲料也可直接塞入。

1

1　懸吊櫃立面一樣採部份開放穿透，台面上以2:3比例做下凹設計，托盤式台面可以讓視覺更整齊，也不怕小物滾到地面。
2　隱藏式桌板做為簡易吧台，內部層架結合收納箱，讓物件井然歸位，就連門片都可以鎖上收納盒，充份利用空間。

特別提醒：

一直以來，總是覺得層板櫃更勝抽屜櫃，原因在於無論是用木作還是板材，抽屜櫃扣除板材、五金、軌道佔用空間，至少得犧牲5公分的寬度！

5 吊掛式梳妝櫃
擺脫桌面擺放思維，彩妝飾品全員收納

重視面子保養的男男女女，少不了瓶瓶罐罐的收納問題，尤其瓶瓶罐罐有高有矮，實在很難全部都收進抽屜裡，可是把瓶罐擺在化妝桌又很容易積灰塵，看起來也很不清爽啊！

收納保養化妝用品非得梳妝台嗎？難道就不能是梳妝櫃嗎？只要將系統櫃加入照明與鏡面，打開來就是一座梳妝台。櫃內上層擺放每日需要的化妝品，以矮瓶罐為主，再搭配門片的收納籃，置放高的瓶瓶罐罐，關上門，正好將層架上方空間填滿，破解層板收納上方空間閒置的問題。此外，門片除了可擺瓶罐，也可設置掛鉤，懸掛項鍊飾品。

如同之前所提到常用、備用、珍藏物件分區擺放原則，下方空間則可以將大罐化妝水或化妝棉等備品收入下櫃。而櫃體預留1/3比例做開放展示，並讓下櫃門面略高些，使展示區呈現下凹台面，方便將有設計感的香水或是風格強烈的飾品擺飾出來，讓櫃子的美感層次再升級。

特別提醒：
倘若空間小到連梳妝櫃都擺不下呢？最近常用一款洞洞收納壁板，是IKEA新推出的SKÅDIS，體積不大可以輕易塞進更衣間、浴室或臥室的畸零角落，而收納盒配件可活動調整，依照瓶罐大小擺置，加入吊鉤掛飾品也沒問題！

薄形細長的化妝櫃，取代了化妝桌的存在，等於從展示收納轉向隱藏式收納，讓細瑣的瓶罐小物，都收攏在平整俐落的櫃體中。

玄關櫃

鞋櫃之外，多了雜物櫃

尺　寸：寬150×高240×深35cm
特　色：深度只有35cm。右櫃規畫為
　　　　公事包、外出包，以及小體積
　　　　雜物的置放。
納鞋量：48雙鞋＋2雙靴子。

掌握重點，替自己訂置一個好櫃

● **2/3鞋櫃＋1/3衣帽櫃——**
150cm寬的鞋櫃，2/3（寬100cm）
集中在左側擺放鞋子，1/3（寬50cm）
提供右側窄櫃則做多元變化。

● **衣鞋獨立，做分區——**
三組玄關櫃以4片櫃門主，分區收納
盡可能隔絕鞋子的味道。

● **預留1格無櫃門層架——**
三組玄關櫃皆預留一個無櫃門的格
層，主要功能在於可擺小缽，進門時
可將身上的零錢、鑰匙、手機等先卸
下。

● **櫃子離地——**
櫃子不做到地，預留櫃腳，下方可以
放外出的拖鞋（夾腳拖）方便穿脫。

細部看：
1　挑高鞋架區（一層8雙鞋）
2　一般鞋架區（一層4雙鞋）
3　雜物盒裝區
4　包包區
5　零錢鑰匙區（無門片，高40cm）
6　長靴區（寬50×高50×深35cm，
　　可放兩雙）

B

鞋櫃之外，多了電器櫃

尺　寸：寬150×高240×深60cm
特　色：深櫃60cm，因應吸塵器體積。
　　　　右櫃規畫吸塵器置放空間，無門片
　　　　格層位於左側。
納鞋量：72雙短筒鞋。

細部看：
1　可拉式鞋架區（鞋＋鞋盒收納，一層16雙鞋）
2　加寬零錢鑰匙區（無門片、可放包包）
3　可拉式鞋架區（一排4雙鞋，前後兩排後8雙）
4　雜物盒裝區
5　包包區
6　吸塵器收納區（寬50×高120×深60cm）

C

鞋櫃之外，多了衣物櫃

尺　寸：寬150×高240×深60cm
特　色：深櫃60cm，因應大衣肩寬。
　　　　右櫃規畫大衣、包包、靴子置放
　　　　空間。無門片格層位於左側。
納鞋量：72雙短筒鞋＋2雙靴子。

細部看：
1　可拉式鞋架區（鞋＋鞋盒收納，一層16雙鞋）
2　加寬零錢鑰匙區（無門片、可放包包）
3　可拉式鞋架區（一排4雙鞋，前後兩排後8雙）
4　雜物盒裝區
5　大衣吊掛區（寬50×高105×深60cm）
6　薄抽區（高15cm，可放帳單）
7　長靴區（寬50×高50×深60cm，
　　拉抽層板可放4雙）

廚餐櫃

適合愛收集杯盤的人

尺　　寸：寬150×高240×深30cm

特　　色：以展示為主，適合杯盤收藏多的屋主。

內部配置：僅上下設門片櫃，中間為活動玻璃層板。上方放不常用的禮盒或備用餐盤組，底層一方面收納雜物，一方面在視覺上不會讓杯盤有碰到地的感覺。

掌握重點，替自己訂置一個好櫃

● **展示與收納並重──**

餐櫃肩負收納與展示並重的任務，但主要還是依擁有杯盤數量多寡，選擇大面積展示，或是複合式收納。

● **深度30cm玻璃層架，展示用──**

利用玻璃活動層板展示，展示格一般選擇附玻璃門片避免灰塵，若時常拿取，則可用開放式。展示杯盤以30cm深度為佳。

● **門片櫃、抽屜櫃，藏物用──**

搭配門片櫃與抽屜櫃，協助餐廳其他物品的收納。

● **小家電、零食也加入──**

若希望餐櫃同時也可以是小吧台，可做上下櫃分隔，中間空出台面。若還希望有零食櫃功能，可讓出1/3直立空間做窄櫃。

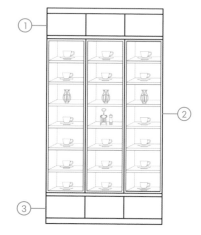

細部看：

1　上櫃區（擺放收藏用的餐具、禮盒）

2　餐具展示區（活動式玻璃層板，
　　有門片，寬50×高50cm）

3　下櫃區（擺放備用的杯盤組、餐用小物）

B

適合也想自己煮咖啡的人

尺　　寸：寬150×高240×上櫃深30cm
　　　　　下櫃深45～50cm
特　　色：適合收藏量適中、需要放小設備的家庭
功能配置：玻璃櫃為12格層，加入小家電檯面，變為上下櫃型式。下櫃以收納餐廳雜物為主，杯墊、餐巾紙等等用品都能一併收好。

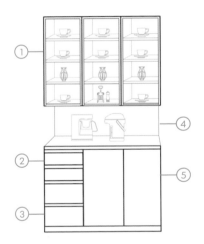

細部看：
1　餐具展示區（活動式玻璃層板，有門片，每格寬50×高50×30cm）
2　淺抽屜區（高18cm，放餐巾紙、杯墊）
3　深抽屜區（高25cm）
4　小家電區（預留高60cm，擺放咖啡機、熱水瓶）
5　雙門層櫃區（深45～50cm）

C

適合愛吃零食乾糧較多的人

尺　　寸：寬150×高240×深40cm
特　　色：收藏少、雜物多適用此櫃型。
功能配置：整體的1/3用來設置乾糧高櫃。展示區、家電檯面的空間減少，玻璃櫃為8格層。由於有乾糧櫃，櫃子整體深度增加為40cm會比較好放這些蓬鬆的食品。

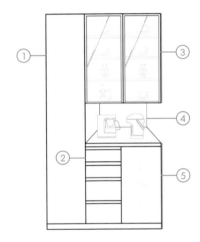

細部看：
1　乾糧零食區（深40cm，內為活動層板，可局部收納雜物）
2　抽屜區（2淺抽、2深抽，上放餐巾紙下放較大物品）
3　餐具展示區（活動式玻璃層板，有門片，每格寬50×高50×深40cm）
4　小家電區（寬100×高60cm，擺放咖啡機、熱水瓶）
5　單門層櫃區（深45～50cm）

客廳
電視半高櫃

掌握重點，替自己訂置一個好櫃

- **150cm半高櫃最推薦──**

  電視半高櫃不要超過150cm高，特別是客廳與沙發跨距不大的空間，半高櫃提供適當收納，也維持客廳寬闊感。

- **隱藏式收納比例要高──**

  以藏多露少為原則，因此除了書籍、裝飾品，和需要遙控感應的設備採開放式層板，其餘盡量以門片櫃、抽屜隱藏收納。

- **下抽屜不高過30cm ──**

  底層抽屜高度約30cm，若做太高，會影響看電視擺設高度，以及視覺的舒適度。

適合雜物較少、視聽設備簡單的屋主

尺　寸：寬270cm×高150cm×深30～40cm

特　色：適提供雜物隱藏收納、開放式書架。

內部配置：上方門片櫃收納日常雜物或DVD，下方設抽屜，拉開即可一目瞭然。右側半高櫃則採一半開放、一半隱藏，擺放裝飾品及書籍。

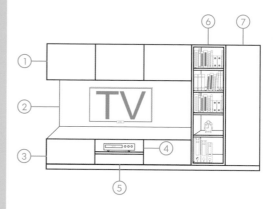

細部看：

1　雜物、DVD區（高40cm）
2　電視區（放電視要預留80cm高度）
3　底櫃抽屜區（高30cm，保持電視觀看的視線水平）
4　視聽設備區（高15cm）
5　底櫃淺抽屜區（高15cm，放説明書等）
6　開放書籍區（平均每格高30cm，層板可調距）
7　隱藏式層架區

B

適合書籍、視聽設備略多的人

尺　　寸：寬270cm×高150cm×深30～40cm

特　　色：雙排納書量、增加視聽設備空間。

內部配置：將上櫃與電視區縮減，右側增加一列書櫃。下方抽屜改為開放式設備櫃，左側半
　　　　　高櫃底層設抽屜，補足收納零碎物品。

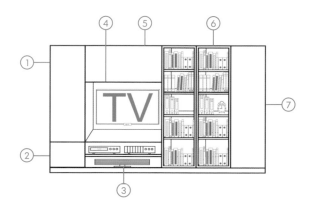

細部看：

1　雜物、文件區（寬45cm）
2　底櫃抽屜區（高30cm）
3　開放式視聽設備區（上、下各15cm）
4　電視區（高80×寬90cm）
5　雜物、DVD區（高40×寬90cm）
6　開放書籍區（平均每格高30cm，層板可調距）
7　隱藏式層架區

浴室臉盆櫃

A

適合物件不多的人

尺　　寸：寬120×下櫃高60×深60cm
特　　色：層板＋面盆吊櫃
功能配置：此櫃型以掛鏡、層板、下櫃組成，最
　　　　　具簡約美感。

掌握重點，替自己訂置一個好櫃

● **隱藏收納防水氣**——
主要收納瓶瓶罐罐和衛浴空間用到的衛
生用品，為了防止水氣，必須要有門片
櫃、抽屜、薄鏡櫃，擺放化妝品。

● **深淺抽屜便利收**——
抽屜規畫深淺櫃，分別放置衛生紙或是
棉花棒不同大小等等的物品。

● **面盆櫃高60cm，離地30cm**——
懸吊式櫃體高60cm，離地30cm，符
合使用高度，同時防止地板的溼氣，也
方便擺放小凳子，讓小朋友可以自己洗
手。

● **台面到層板、鏡子至少距離25cm**——
25cm是檯面到上方層板、鏡櫃較佳的
距離，一方面不會妨礙洗手，也方便拿
取放在檯面上常用的牙刷、洗面乳。

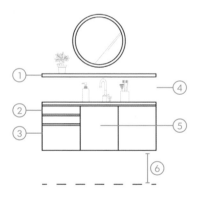

細部看：

1　層架區
2　淺抽屜區（高15cm）
3　深抽屜區（高25cm）
4　台面區（距離層架25cm）
5　隱藏水管、清潔用品層架區（高60cm）
6　懸空區（離地30cm）

B

適合化妝品、小物品多的人

尺　寸：寬120cm×高210cm×
　　　　上櫃深18cm、下櫃深60cm
特　色：薄鏡櫃＋面盆吊櫃
功能配置：利用薄鏡櫃增加收納空間。鏡櫃是兩
　　　　片大小門對開，左側增設一格透明香
　　　　水櫃，可以清楚看見陳列整齊又美觀
　　　　的瓶罐。

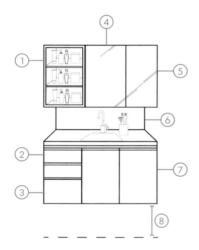

細部看：

1　玻璃門片展示區（深18cm）
2　淺抽屜區（高15cm）
3　深抽屜區（高25cm）
4　鏡櫃A區（寬60cm）
5　鏡櫃B區（寬30cm）
6　台面區（距離上櫃25cm）
7　隱藏水管、清潔用品層架區（高60cm）
8　懸空區（離地30cm）

C

想把浴巾、毛巾也收進浴室的人

尺　寸：寬120cm×高210cm×深55cm
特　色：毛巾櫃＋面盆吊櫃
功能配置：犧牲一部分檯面空間，可以將毛巾櫃
　　　　與浴櫃結合在一起，大小毛巾都適合
　　　　放。此時不建議再裝設鏡櫃，會造成
　　　　壓迫，最好直接用掛鏡。

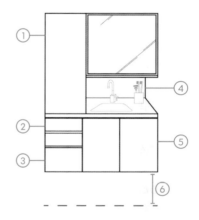

細部看：

1　毛巾、浴巾層架區（寬30×深55cm）
2　淺抽屜區（高15cm）
3　深抽屜區（高25cm）
4　台面區（距離上櫃25cm）
5　隱藏水管、清潔用品層架區（高60cm）
6　懸空區（離地30cm）

書區高櫃

掌握重點，替自己訂置一個好櫃

● **書用展示架、文件門片隱藏——**
書櫃的兩大收納項目是書籍與文件，書適合開放展示，故佔大部分或是設在上櫃，不甚美觀的文件和雜物則用門片櫃隱藏。完全展示容易感覺凌亂。

● **上下櫃型，**
中空平台、抽屜不可少——
如果考慮放簡單設備擺飾，規畫出中空平台處，書櫃做上下櫃型式是不錯的選擇。下櫃一部分設深淺抽屜，收納大小物品。

● **書架厚度不低於2.5cm，**
跨距不超過60cm——
為了避免書的重量讓層板變形，在層架的厚度和長度上都要注意，跨距不可超過60cm，板材厚度則不低於2.5cm。

適合大量書籍、文件少的屋主

尺　　寸：寬150×高240×深35cm
特　　色：比例以2/3露、1/3藏最美觀。
內部配置：主要放置書籍，深度35就足夠。常用的書放中段，上層放收藏用書。門片櫃內可擺尺寸較不易統整、較不美觀的書（如電腦書）與文件。

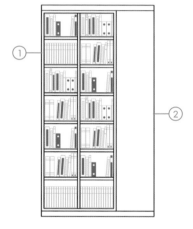

細部看：
1　開放式書架區（活動層板，可隨書高度調整）
2　隱藏式層架區（寬50cm）

B

適合書籍與文件各半的屋主

尺　　寸：寬150cm×高240cm×
　　　　　上櫃深30cm、下櫃深45cm

特　　色：開放式上櫃、中空平台，以及抽屜
　　　　　vs.隱藏層架下櫃。

功能配置：上櫃展示書籍，檯面可放電器設備。
　　　　　下櫃收資料、雜物，1/3以抽屜輔助收
　　　　　納其他物品。

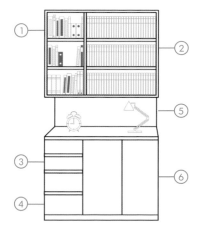

細部看：

1　窄書架上櫃區（寬50×深30cm）
2　寬書架上櫃區（寬100×深30cm）
3　淺抽下櫃區（高18×深45cm）
4　深抽下櫃區（高25×深45cm）
5　中空平台區（高50cm）
6　隱藏式層架下櫃區（深45cm）

C

適合做書櫃也收周邊物品的屋主

尺　　寸：寬150cm×高240cm×深35cm

特　　色：開放式上櫃、中空平台、抽屜式下
　　　　　櫃，再結合直立資料櫃。

功能配置：上櫃展示書籍，8個抽屜下櫃可收納更
　　　　　多周邊空間物品，直立式門片櫃，可
　　　　　同時收納文件、書籍與雜物。

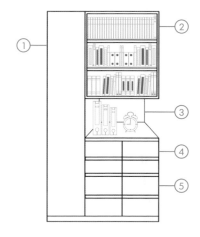

細部看：

1　隱藏式層架區
2　開放式書架區（每層高35cm）
3　中空平台區（高50cm）
4　淺抽下櫃區（高18×深35cm）
5　深抽下櫃區（高25×深35cm）

臥室衣櫃

適用於學齡前小孩

尺　　寸：寬150×高240×深60cm
使用範圍：以身高90cm的小孩來說，使用範圍
　　　　　在0～120cm。
收納配置：120cm以下要設有吊桿和抽屜、拉
　　　　　籃可放襪子小衣物，以上則另外以層
　　　　　板、吊桿收納換季衣物，由父母親幫
　　　　　忙。

掌握重點，替自己訂置一個好櫃

● **吊桿和抽屜，依照身高調整──**
衣櫃內部配有吊桿、抽屜、摺疊衣物的層板、抽籃、五金拉籃。依照小孩、老年人、成人身高不同，決定吊桿和抽屜設置高度的不同，而老人與小孩適用抽屜，矮吊桿。

● **吊掛空間依衣物長度而不同──**
一般吊掛需要120cm高，才能吊長大衣，褲子則需80cm高，小孩子吊掛衣物大約留60cm高度就很足夠。

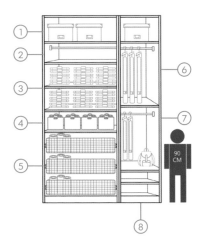

細部看：

1　棉被、收藏物區
2　吊桿預留區（層板拆除便可成為吊掛區）
3　換季衣物層板區
4　抽籃、收納盒區
5　五金拉籃、抽屜區（拉籃高20cm）
6　換季衣物吊掛區
7　當季衣物吊掛區（吊桿高度120cm）
8　活動層板區

B

適用於老年人

尺　　寸：寬150×高240×深60cm

使用範圍：以老年人平均身高，女性約150～160cm，男性約160～170來説，不方便蹲下或是踮腳，故使用範圍在30～150cm。

收納配置：抽屜要設在離地30以上～100cm之間，拉開才看得到抽屜內的東西；吊桿則不能超過150cm。30cm以下或150cm之上的範圍，就是屬於換季衣物，需要家人幫忙。

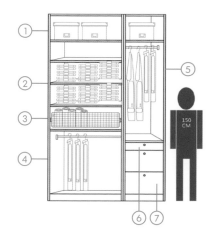

細部看：

1　棉被、收藏物區
2　換季衣物層板區（150cm以上空間）
3　五金拉籃、抽屜區（拉籃高20cm）
4　一般衣物吊掛區（高度80cm）
5　換季衣物吊掛區
6　淺抽屜區（高18cm）
7　深抽屜區（最下櫃高度30cm以下放不常用衣物）

C

適用於一般成年人

尺　　寸：寬150×高240×深60cm

使用範圍：一般成年人高度較無限制，以伸手可及區分。

收納配置：衣櫃以吊掛為主，配合一小部分深淺抽，放置摺疊、貼身衣物或襪子。難以拿到的上層放換季衣物。

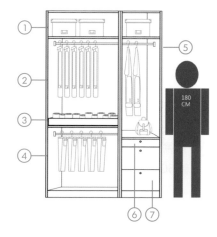

細部看：

1　棉被、收藏物區
2　一般衣物吊掛區
3　淺抽屜區
4　長褲吊掛區（高度80cm）
5　長大衣、洋裝吊掛區（高度120～140cm）
6　淺抽屜區（高18cm，適合襪子）
7　深抽屜區（高25cm，適合毛衣）

一開始就不用收！家的最後一堂空間收納課（暢銷增訂版）
換屋 8 次，親身實驗，台灣設計師一定要教你的收納術與選櫃法

（原：一開始就不用收！家的最後一次空間收納課）

作　　者	朱俞君
文字構成	劉繼珩、溫智儀、李佳芳（增訂版）
插　　畫	黃雅方
櫃型繪製	陳俐安
美術設計	IF OFFICE

責任編輯　詹雅蘭

行銷企劃　郭其彬、王綬晨、邱紹溢、陳雅雯、王瑀
總 編 輯　葛雅茜
發 行 人　蘇拾平

出　　版　原點出版 Uni-Books
　　　　　　Facebook: Uni-Books 原點出版
　　　　　　Email: uni.books.now@gmail.com
　　　　　　台北市 105 松山區復興北路 333 號 11 樓之 4
　　　　　　電話：(02) 2718-2001　傳真：(02) 2718-1258

發　　行　大雁文化事業股份有限公司
　　　　　　www.andbooks.com.tw
　　　　　　台北市 105 松山區復興北路 333 號 11 樓之 4
　　　　　　24 小時傳真服務 (02) 2718-1258
　　　　　　讀者服務信箱 Email: andbooks@andbooks.com.tw
　　　　　　劃撥帳號：19983379
　　　　　　戶名：大雁文化事業股份有限公司

增訂初版　2019 年 3 月　**增訂初版 8 刷**　2022 年 10 月
定　　價　420 元
I S B N　978-957-9072-41-0

國家圖書館出版品預行編目（CIP）資料

一開始就不用收！家的最後一堂空間收納課（暢銷增訂版）：換屋 8 次，
親身實驗，台灣設計師一定要教你的收納術與選櫃法
朱俞君著. -- 增訂初版. -- 臺北市　原點出版：大雁文化發行，2019.03：224 面，17x23 公分：
ISBN 978-957-9072-41-0 平裝)
1. 家庭佈置 2. 空間設計
422.5　　108002283